KB184564

올 오브 더 라떼아트

ALL OF THE LATTE ART

저자 약력

한준섭

현 랄포랄트 대표
현 ㈜이니셜엠 F&B 사업부 부장
한국호텔관광전문학교 외래교수
카페 로스터리제이 대표
베이커리제이 대표
디오커피랩 사업본부장
헬라스커피 교육팀장
동서울 대학교 외래교수
현대직업전문학교 전임교사
한주 직업전문학교 커피바리스타 교육팀장
2016 코리아 팀바리스타 챔피언십 우승(KTBC)
2018 코리아 팀바리스타 챔피언십 준우승(KTBC)
2017 에스프레소 이탈리안 챔피언십 FINAL(IBS)
2018 코리아 바리스타 챔피언십 SEMI FINAL(KBC)
2019 마스터오브브루잉 FINAL(MOB)

전유정

KLAC 국가대표 선발전 11위
한국기능인 바리스타 경진대회 금상
World Coffee Barista Championship 3위
전) 인천 송도스페셜티커피학원 강사
전) 한국평생교육원 바리스타 국비지원 강사
전) 인천커피교육학원 강사
전) 한솔요리학원 국비지원 강사
전) 한국커피교육센터 트레이너
전) 블랙탑바리스타 학원 강사

들어가는 글

“한 잔의 커피”라는 말처럼 커피 한 잔의 감흥은 참으로 벅차다.
묵직하고 투박한 머신에서 매혹적인 에스프레소 한 잔이 추출될 때 자연스레 어떻게 마시면 좋을까 생각을 해 보게 된다. 다양한 재료와 추출 기구들이 생겨나면서 카페마다 개성 있는 새로운 메뉴가 유행이 되지만, 유독 에스프레소 크레마의 매력에 빠질 때, 예쁜 하트가 그려진 카페 라떼 한잔이 생각나게 되었다.
커피라는 것 자체를 어디서부터 어떻게 배워야 하는지 아무것도 모른 채 무작정 카페에서 일을 해보게 되었던 적이 있었다. 나에게 라떼아트를 처음 가르쳐 주었던 분도 독학을 하면서 어렵게 터득한 것이라며 책 한권을 주면서 자기가 하는 것을 잘 보면서 따라해 보라고 하셨던 것이 기억난다. 라떼아트를 할 수 있어야 바리스타로 일을 할 수 있다는 사장님 말씀에 매일 눈치 보면서 연습한 결과 하트 비슷한 모양을 그려 낼 수 있었다.
그 당시 지방에는 라떼아트가 대중화 되지 않았기 때문에 카페를 찾는 고객에게 특별한 카페로 기억에 남을 수 있었고, 라떼아트의 다양성 또한 메뉴로 인정되었다. 한 번씩 인터넷에 있는 라떼아트 사진을 보여 주면서 만들어 달라고 할 때면 다음에 오실 때 꼭 보여드리겠다고 하고 몇 시간씩 연습했던 것이 생각난다.
바리스타라면 한번쯤 잘해 보고 싶어하는 라떼아트, 이제는 각종 대회나 다양한 자격증을 통해, 바리스타의 능력을 겨뤄볼 수 있는 기술이다. 필자 또한 각종 바리스타 대회에 참여하고 있으며, 사람들이 좀 더 다양한 테크닉을 배우고 많은 대회가 시행되어 라떼아트 기술의 다양성과 독창성이 더 많이 알려지길 바라고 있다.
본 책에는 바리스타의 기술 향상을 위하여 라떼아트 기술의 워밍업부터 기본 디자인, 응용 디자인, 에칭 디자인까지 여러 작품을 다루었고 각 디자인의 포인트까지 서술하여 디테일하게 훈련할 수 있도록 정리했다. 또한 QR코드를 통하여 디자인 영상과 라떼 아트 대회 시연 영상을 바로 시청할 수 있도록 제작하여 반복적인 연습과 대회에 대한 준비를 잘 할 수 있도록 고안하였다.
부족한 부분이 있더라도 라떼아트를 사랑하는 마음으로 이해해 주길 바라며,
한잔의 커피의 감흥이 많은 사람들에게 전해졌으면 한다.

한준섭 · 전유정 드림

contents

Part 1 라떼아트 워밍업

Part 2 기본 라떼아트 디자인

Part 3 응용 라떼아트 디자인

Part 4 에칭 라떼아트 디자인

Part 5 라떼아트 대회 공략

스마트폰으로 큐알코드(QR코드) 이용하기

먼저 기종에 상관없이 스마트폰을 준비해주세요.

사각형 테두리 안에 큐알코드가 보이도록 위치시킨 후 잠시 기다리면 인식된 결과 화면으로 이동합니다.

해당 큐알코드(QR코드)의 내용은 유튜브(www.youtube.com)에서 "ALL OF THE LATTE ART"에서 확인할 수 있습니다.

Part 1
라떼아트 워밍업

Chapter 01
라떼아트란?

1. 라떼아트

사진 1

라떼아트란 카페 메뉴 제조 시 우유라는 재료를 스티밍이란 작업을 통하여 거품을 형성시키고, 이를 잘 혼합하여 커피와 다양한 추출 · 혼합액에 부어서 모양을 나타내는 작업이다. 간단하게 얘기하자면, 우유를 이용하여 표현하는 예술이라고 할 수 있다.

라떼아트에는 기본적으로 우유, 커피나 추출 · 혼합액이 필요하다. 우유는 지방 함량이 충분한 우유를 사용하는 것이 가장 효과가 좋다. 저지방이나 무지방 우유 같은 탈지우유나 저가로 판매되고 있는 환원유(원재료명에 원유가 아닌 환원유로 표시됨)는 피해야 한다. 일반적으로 시중에 판매되고있는 살균우유가 좋다. 커피나 추출 · 혼합액의 경우에는 스티밍된 우유를 첨가할 수 있는 모든 메뉴에 라떼아트를 응용해 볼 수 있다.

물론 이 책에서는 전체적으로 에스프레소 커피 위주의 작품으로 구성했지만 그 외의 다양한 부재료와 우유의 혼합으로 맛을 냄으로써 훨씬 더 좋은 라떼아트 메뉴를 만들 수 있다. 충분히 응용할 수 있는 기술이므로 하나에 한정시키지 말고 다양한 메뉴 개발을 통하여 발전시켜야 하는 것이 바리스타의 과제 중 하나이다.

잔의 선택도 라떼아트에 있어 중요한 부분 중 하나이다. 고객에게 충분한 맛을 즐길 수 있는 시간을 제공할 수 있으며 라떼아트 디자인의 느낌과 잔의 모양 색이 잘 어울릴 수 있다면 고객의 만족은 더 높아질 것이다.

라떼아트는 크게 두 가지 스타일로 표현할 수 있다.

첫 번째(사진2)는 부어내는 기술(Pouring)을 통하여 나타내는 디자인을 말한다. 대표적인 디자인은 하트(Heart), 로제타(Rosetta)가 있으며 이를 응용한 다양한 디자인이 있다.

사진 2 〈Pouring〉

두 번째(사진 3)는 다양한 부재료(소스, 색소 등)와 뾰족한 도구를 이용하는 에칭(Etching) 기술을 말한다. 바리스타에게 있어 어느 정도 미적 감각이 있다면 다양한 응용 디자인을 연출해 낼 수 있다.

사진 3 〈Etching〉

위의 내용들도 중요하지만 라떼아트는 바리스타의 숙련 기술이다.

즉, 많은 관심을 가지고 꾸준히 노력해야 기본 디자인뿐만 아니라 다양한 응용디자인을 만들어낼 수가 있다. 수많은 시도 끝에 원하는 디자인이 나왔을 때의 뿌듯함은 말로 표현하기가 쉽지 않을 정도이다. 또한 어쩌다 한 번 나오는 디자인이 아니라 항상 일정하게 만들어낼 수 있도록 노력해야 한다. 고객은 오래 기다리기 힘들다. 어떠한 모양이 나올까 궁금함과 기대감에 더 초조해질 수도 있다. 한 번에 완벽한 디자인을 표현할 수 있어야 진정한 라떼아트 기술이라 할 수 있다.

2. 라떼아트의 과거와 현재

라떼아트가 한국에 대중화가 된 것도 사실 10년 정도 밖에 되지 않았다. TV 광고에서나 잠깐 볼 수 있는 멋진 예술이

사진 4

사람들에게 신선한 충격이 되지 않았나 싶다. 하트 디자인만 나타나도 고객이 즐거워하고 사진을 찍던 시절은 오래 전 옛이야기 같다.
아무래도 다양한 커피 박람회와 이를 통한 대회, 각종 커피 교육 기관, 심지어 학교에서도 바리스타 학과가 만들어지고 국제와 국내의 다양한 자격증을 취득하고 대회에서도 입상하는 등 정말 한국의 커피는 빨리빨리 변해간다. 한국의 엄청난 교육열, 자격증 취득률까지 더해지니 아무래도 라떼아트에 많은 관심이 생기는 것은 당연할 수밖에 없다.
사진 4 〈라떼아트대회〉
한 가지 걱정이 되는 부분이라면, 라떼아트가 대중화되면서 라떼아트가 커피라는 내용에 필수적인 사항이라고 인식되지 않을까 하는 점이다.
사람마다 재능이 다르듯이 커피를 제조하는 바리스타 또한 자신만의 좋아하거나 자신있는 기술이 있을 것이다. 라떼아트도 그중 한 부분이라는 점을 말하고 싶다.

3. 눈으로 보는 멋. 입으로 즐기는 맛

라떼아트는 보는 것만으로도 충분히 매력적이지만, 그 매력에 의해서 고객이 음료에 대해 시각적으로 어느 정도 맛과 향에 대한 긍정적인 느낌을 일으키는 효과가 있다. 뿐만 아니라 바리스타도 라떼아트 디자인을 잘 만들기 위해서 크레마(Crema)가 풍부하면서도 부드러운 에스프레소 커피를 추출해야하고 거품이 미세하고 거칠지 않은 우유거품을 만들어야 하기 때문에 그것 또한 맛을 좋게 하는 영향이라고 생각한다.

라떼아트를 이용한 다양한 사업도 많이 활용되고 있다.〈사진 5〉은 라떼아트를 이용하여 시각적 효과를 충분히 준 화장품 업체이며 〈사진6〉은 커피를 마시는 순간의 느낌을 표현한 것이다. 여기에 라떼아트 디자인의 시각적인 느낌까지 더해진다면 완벽한 한 잔의 커피가 되지 않을까 생각한다. 요즘은 욕 라떼라 하여 〈사진 7〉처럼 고객에게 토핑 소스를 이용하여 어느 정도 선에서 재미를 느낄 수 있는 정도의 욕을 만들어 주는 카페도 있다.

이처럼 시각적인 효과는 고객에게 재미와 감동을 줄 수 있으므로 앞으로도 라떼아트의 발전은 지속적으로 이루어져야 할 것이다. 이를 위해서는 바리스타의 지속적인 관심과 노력이 필요하다.

사진 5

사진 6

사진 7

Chapter 02
라떼아트는 정말 필요한가?

1. 카페에서의 라떼아트

오늘날에는 다양한 카페가 많이 있다. 다양한 콘셉트를 가지고 상권을 분석하고 그에 맞는 세부적인 아이템까지 발품 팔아가면서 카페를 창업하고 매출 향상을 위해 여러 가지 방안을 모색해 보게 된다.

상권에 따라 고객의 성향도 다르며 활동시간, 주고객층의 연령대도 달라지게 되는데 고객에게 좋은 인상을 주기 위해서는 시각적인 효과가 중요하다. 공간의 연출도 매우 중요하다. 카페의 외부와 내부, 심지어 화장실까지도 전체적인 카페 이미지에 많은 영향을 준다.

음료의 디자인도 중요하다. 요즘은 컵의 디자인뿐만 아니라 재료, 색감, 건강에 대한 효과도 고려해야 한다. 마지막으로 라떼아트가 주는 인상은 말할 필요도 없다.

2. 라떼아트 대회

라떼아트 대회에는 여러 가지가 있다. 그중에서도 세계적인 대회가 월드바리스타챔피언십WBC(World Barista Championship) 이다. 매년마다 시행하고 있으며 2017년에는 한국에서 개최하는 만큼 한국의 커피사랑을 세계에 알릴 수 있는 계기가 될 것이다.
이에 국가대표를 선발하기 위한 WCCK(World Coffee Championship of Korea)가 있다. 그 중에서 KLAC(Korean Latte Art Championship)이 국내 라떼아트 대표를 선발하는 대회이다.
컴팍(Compak) 라떼아트 대회는 컴팍에서 주관하는 대회이며 국내에서 라떼아트를 잘 하는 바리스타들이 자신의 실력을 보여주는 대회라 할 수 있다.

3. 라떼아트 교육의 필요성

라떼아트의 기술을 향상시키고자 한다면 반드시 기술을 가지고 있는 바리스타나 트레이너 혹은 교육자에게 교육을 받아야 한다. 필자는 처음에 라떼아트를 배우면서 체계적이지 않은 교육에 많은 한계를 느끼게 되었다. 독학을 한 선생님에게 배우게 되니 설명보다는 시연을 보고 따라하면서 이해해야만 했고 그 과정이 너무 힘들었다. 기본적인 자세, 기본적인 기술, 스티밍의 정도 등 모든 내용이 체계적이지 않았던 것이 원인이었다.
문제는 그 다음이었다. 새로운 직원이 오게 되어 라떼아트를 매장에서 가르쳐야 하는데 순전히 몸으로 체득한 기술이라 어떻게 설명해야 할지 어려웠다.
이렇게 체계적이지 못한 시스템으로 계속 연습하게 된다면 라떼아트를 잘한다고 말하기 쉽지 않을 것이다. 그러므로 라떼아트 교육은 반드시 필요한 것이라 할 수 있다.
그럼 어떻게 교육을 받아야 하는 것이 본인의 실력향상에 좋을까? 일단 본인에게 맞는 교육을 하는 트레이너를 찾아야 하며 기초부터 하나하나 체크해 주고 고쳐 주는 곳이 좋다. 라떼아트는 보여주는 기술이다. 보이는 모든 점들을 바로 잡아서 훈련을 한다면 신체에도 무리가 가지 않을 것이다. 또한 꾸준하게 기본기를 갖추게 되면 실력이 반드시 향상될 것이다.

라떼아트가 바리스타의 필수 기술이라고는 할 수 없다. 하지만 라떼아트를 하고 싶다면 제대로 된 숙련자에게 체계적으로 배우시길 권하고 싶다.

Chapter 03

라떼아트 트레이닝

1. 라떼아트 기본자세

사진 8

사진 9

사진 10

라떼아트의 전체적인 자세는 〈사진 8〉과 같다. 양발은 어깨 넓이 정도의 간격을 두고 안정적으로 서는 것이 좋다. 어깨는 적당한 높이가 좋은데 가급적이면 가슴선상에서 시연하는 것이 어깨의 움직임과 팔의 움직임이 용이하게 한다. 양팔은 몸에 붙이지 않고 주먹 하나 정도 들어갈 수 있는 정도의 간격을 유지하여 준다. 또한 팔꿈치가 너무 올라가지 않도록 하여 팔을 움직이는데 무리한 부담이 가지 않도록 한다. 허리는 고개는 바로 펴서 디자인 하는 것이 좋다. 이 또한 무리가 가게 하지 않기 위해서이며, 습관을 잘못 들이면 반복 연습 시 고개나 허리, 어깨에 무리가 가게 된다. 자세에 대한 훈련은 라떼아트 디자인에 있어 가장 기본이며 건강과도 관련되는 중요한 사항이므로 거울을 보고 직접 연습하여 기본자세를 바로잡도록 한다.

스팀(밀크)피쳐 잡는 방법은 여러 가지가 있다. 〈사진 9〉처럼 스팀피쳐를 수직으로 잡는 방법이 있는데, 이 방법은 잡는 느낌은 편안하지만 주입을 위해 팔이나 손목을 기울이기가 쉽지 않으므로 습관이 되지 않도록 주의해야 한다.

〈사진 10〉에는 잔에 주입 시 손목의 움직임이 나타나있다. 손목의 움직임이 원활하지 않아 스팀피쳐 주입구의 위치가 원하는 방향으로 주입하기가 쉽지 않다. 가급적이면 처음부

터 연습 시에 스팀피쳐에 수직으로 잡지 않도록 한다.

사진 11

〈사진 11〉은 손잡이와 스팀피쳐의 접착지점을 집중해서 잡고 주입하는 방법이다. 이 방법은 초보자가 연습하기에 좋은 방법이다. 스팀피쳐의 흔들림도 많이 없으며 핸들링 시에 힘 입는 움직임을 나타낼 수 있다. 비교적 섬세함을 추구하기보다는 안정적인 자세를 원할 때 좋다. 다만 우유를 주입할 때 일정하게 주입하기가 어려울 수 있다.

사진 12

〈사진 12〉는 스팀피쳐의 옆면을 잡는 방법으로 전체적인 방법 중에서 스팀피쳐 전체의 그립감이 가장 편한 방법이다. 단점으로는 핸들링의 표현이 쉽지가 않으며 응용 동작을 자유롭게 표현하기가 어려운 점이 있다.

사진 13

마지막으로 〈사진 13〉의 그립법은 스팀피쳐 손잡이 부분에 집중해서 잡는 방법이다. 유속의 조절과 핸들링의 컨트롤이 용이한 그립법으로 필자가 가장 추천하는 방법이다. 물론 처음에는 익숙해지는 데에 시간이 많이 걸리겠지만 어느 정도 숙달이 되면 라떼아트 기술을 발전시키기에 효과적인 방법이다.

사진 14

잔을 잡는 방법도 중요하다. 일반적으로 잔을 잡는 방법은 〈사진 14〉와 같다. 잔의 아랫부분을 전체적으로 감싸 쥐는 방법인데, 가장 안정적으로 잡을 수 있지만 잔이 쉽게 기울어지지 않으며 많은 연습을 해야 한다. 특히 잔을 돌리면서 그리는 디자인을 할 경우 상당히 어려움이 있다.

〈사진 15〉처럼 잔의 밑부분을 옆으로 잡는 방법이 가장 잔을 기울이기도 좋으며 잔을 돌리면서 디자인하기에도 손목에 부담이 가지 않는 방법이다.

사진 15

〈사진 16〉처럼 잔 손잡이의 방향 또한 중요한데 방향은 스팀피쳐의 주입주의 방향과 수직으로 주입하며 디자인 하는 것이 좋다. 사진은 손잡이의 방향이 바깥을 향하고 있어 디자인 시 모양이 정방향으로 나타나기가 어려움이 있다.

사진 16

전체적으로 주입하는 모습은 다음과 같다. 〈사진 17〉처럼 스팀피쳐의 주입구와 손잡이의 선상과 잔의 손잡이의 선상이 정확히 90°가 될 수 있도록 유지하면서 주입하는 훈련을 하는 것이 좋다. 주입시의 자세도 흐트러짐이 없도록 자세에 대한 연습을 많이 해야 한다.

사진 17

다른 자세로 스팀피쳐를 잡아도 좋다. 〈사진 18〉처럼 다른 그립자세로 스팀피쳐를 잡고 디자인 할 때에도 항상 스팀피쳐와 잔의 각도를 수직으로 유지하고 주입하는 연습을 해야 한다.

사진 18

2. 에스프레소 체크

사진 19

에스프레소 부분에 대해서는 기본적인 사항은 생략하겠다. 에스프레소 추출의 목적은 크레마의 안정화와 우유의 맛이 적절하게 어울리도록 적절한 농도의 추출을 하는 것을 목적으로 한다.

도징(Dosing)시에 주의 할 점은 커피양을 일정하게 받을 수 있도록 도징에 신경써야 한다. 또한 한쪽으로 커피가루가 치우치지 않도록 포터필터의 위치와 각도의 조절을 잘 해야 겠다. 또 도징이 시작된 순간부터 전체 적인 패킹(Packing) 작업이 완성될 때까지 절대로 충격이 일어나지 않아야 한다.

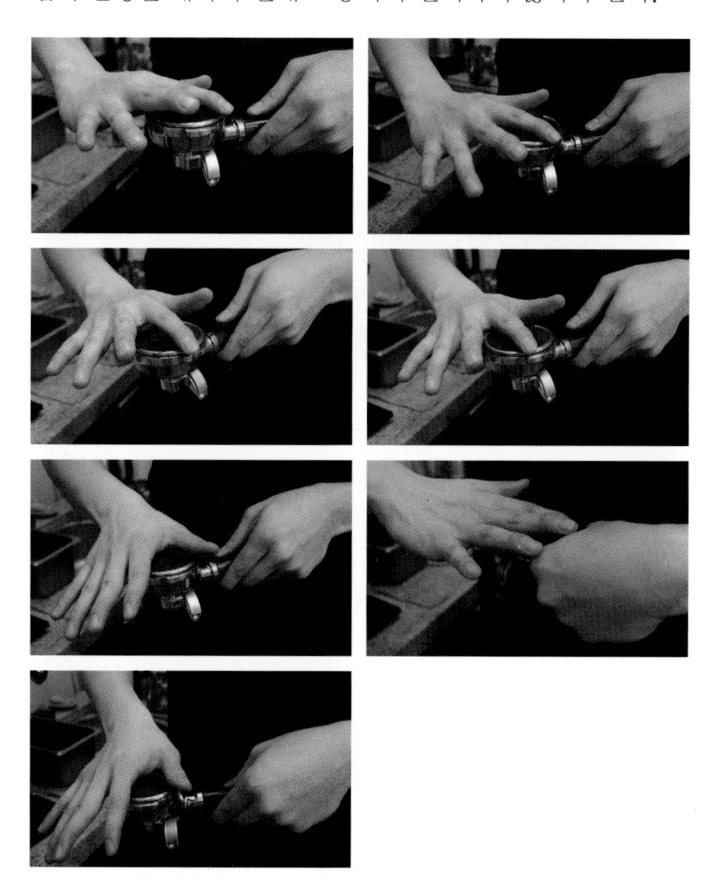

레벨링(Leveling)은 섬세한 컨트롤이 필요한 작업이다. 에스프레소 추출의 전체적인 동작에서 가장 중요한 동작이라 할 수 있다. 숙련된 바리스타에게 더 요구되는 기술이도 하다. 주의할 점은 바스켓에 일정하고 고른 양을 담을 수 있도록 하는 것이다.

탬핑(Temping)은 정확한 힘을 가해서 누르는 것이 중요하다. 주의할 점은 힘의 강도보다는 한 번에 수평에 맞게 제대로 눌러주는 것이다. 힘을 정확하게 가하려면 무엇보다도 바 테이블의 높이가 중요하다.
탬핑 시 팔의 힘보다는 몸의 무게를 이용한 탬핑이 가능하도록 높이의 선정을 잘 하도록 한다.
탬퍼를 잡는 파지법도 중요하다. 탬퍼의 특성을 잘 이해하고 전체적으로 무게와 힘이 잘 전달될 수 있도록 잡는 방법을 숙달해야 한다. 탬퍼의 무게도 중요하다. 몸에 맞는 무게를 잘 선택해야 한다. 필자는 가급적 무거운 것을 선택하는 것을 추천한다. 탬퍼에 힘이 많이 들어가는 것도 나쁘다고는 할 수 없다. 하지만 탬퍼 자체의 무게가 어느 정도 있다면 탬핑 시의 부담감을 줄일 수 있으며 수평도에 대한 집중도를 향상시킬 수 있다. 그렇다고 들기조차 무거운 것을 사용하진 않는다.

폴리싱(Polisjing)은 빠르게 회전시켜주면서 팩킹된 원두의 안정화와 포타필터 바스켓 주변의 커피가루의 정리가 가능하도록 하는 것이 목적이다. 그러므로 팩킹된 원두에 충격이 가지 않는 정도의 힘으로 회전시켜주는 훈련을 해야 한다.

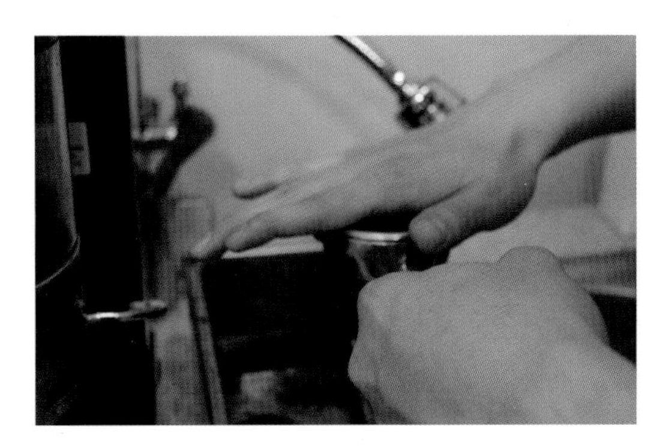

장착 전 포터필터 가장자리의 청결은 커피 추출에 어느 정도 영향을 줄 수 있다. 주변의 커피가루는 에스프레소 추출 시 크레마에 남는 미분에 영향을 준다. 숙련된 바리스타일수록 추출에 최대한 영향을 미치지 않도록 미세한 손동작으로 완벽하게 가루를 제거할 수 있도록 숙련되어야 한다.

에스프레소 추출 전 예비추출은 에스프레소 추출에 생각보다 큰 영향을 미칠 수 있다. 특히 보급형 에스프레소 머신은 구조적인 기능을 보면 추출수의 안정화에 신경을 써야 할 수 밖에 없다. 추출수의 안정화가 되지 않으면 크레마의 추출성분이 불안정해진다. 또한 예비추출시간이 길어지면 물 온도의 손실이 발생 할 수도 있게 된다. 숙련된 바리스타가 되기 위해서 머신의 특성을 정확히 파악하고 예비추출의 기능을 완벽히 수행할 수 있도록 충분한 훈련을 해야 한다.

에스프레소 추출 시에도 바리스타는 추출물의 상태를 실시간 체크하는 것이 중요하다. 정확하게 얘기하면 스파웃(Spout)에서 나오는 추출물을 눈높이에 색감과 농도를 가까이서 관찰하는 것이다.
크레마의 점성이 떨어지는 지점을 체크하고 정확히 양을 조절한다면 농축된 에스프레소, 즉 리스트레또를 받아낼 수 있다. 주의할 점은 라떼아트를 디자인하기 위한 농축된 에스프레소의 추출이 목적이므로 추출량을 생각하지 않을 것을 말하고 싶다. 커피의 상태는 수시로 변한다. 바리스타는 이 점을 항상 명심하고 커피의 상태에 맞는 에스프레소를 추출할 수 있도록 수시체크하는 습관을 길러야 한다.

3. 밀크스티밍

라떼아트의 기술의 핵심은 밀크스티밍이라 해도 과언이 아니다. 라떼아트의 디자인은 스티밍의 완성도에 따라 달라진다고 할 수 있다. 밀크스티밍을 잘하기 위해서는 우유의 거품을 만드는 시점과 혼합을 시켜주는 시점을 잘 조절해야 한다. 뿐만 아니라 거품의 상태를 우유와 잘 혼합되어진 미세거품을 만들기 위해서 거품을 미세하게 만드는 훈련을 많이 해야 한다.
우선 밀크스티밍의 기본 자세에 대해서 훈련한다. 스팀피쳐의 위치와 각도, 스팀노즐의 각도, 스팀팁의 위치에 따라서 우유의 회전속도와 거품의 두께를 잘 조절할 수 있다.
바(Bar) 높이의 중요성은 에스프레소 탬핑시에 그 중요성에 대해 충분히 강조했으며, 이는 스티밍에서도 중요하다. 바 높이와 스티밍의 효율성을 위해 자세를 맞춰보고 스티밍 후의 결과를 비교해 보는 식의 훈련법도 추천한다.

스팀피쳐 위치와 각도의 예시는 위의 사진과 같다. 스팀피쳐의 팁(Tip)이 우유의 한가운데에 있는 것보다는 약간 외곽쪽에 있는 것이 좋다.
다른 각도로도 스티밍을 할 수 있다. 바리스타마다 자기만의 스팀방식이 있을 수 있으며 효과적인 스팀기술이라면 방식에는 상관이 없다.

한손은 스팀피쳐의 손잡이를 바로 잡고 최대한 고정해서 잡을 수 있도록 해야 한다. 다른 한손은 스팀레버의 컨트롤과 스팀온도의 측정을 잘 할 수 있도록 훈련해야 한다. 무엇보다 중요한 것은 스팀의 거품을 내기 위한 미세한 컨트롤이 중요하다.

스팀을 작용시키자마자 초반에 거품을 낼 수 있도록 조금씩 스팀피쳐 전체의 높이를 낮추면서 공기가 우유에 주입되는 소리에 집중한다. 소리도 매우 중요하지만 미세한 우유 전체의 높이의 변화에도 집중해야 한다. 스팀 전에 스팀피쳐에 담긴 우유의 전체양과 스팀후의 우유 전체의 양의 차이를 잘 체크해서 소리에 따른 우유 변화 소리의 크기에 따른 우유의 양을 확인 할 수 있어야 한다.

다른 방식으로 스팀피쳐를 잡고 스티밍을 해도 물론 방법적인 부분은 같다. 소리와 양의 변화를 체크하는 것이다. 미세한 반응과 그에 따른 소리를 잘 확인하고 혼합을 잘 켜줄 수 있는 스팀팁과 스팀피쳐의 각도와 위치에 유의하는 것이다. 스팀 후의 결과도 잘 확인해야 한다.

큰 거품이 없어야 하며 스팀피쳐를 흔들어 보았을 때 광택이 나고 휘핑하기 전의 크림의 상태처럼 묵직하면서도 부드러운 느낌이 들어야 한다. 중요한건 흔들어 볼 때 거품이 두껍고 무거운지 가볍고 부드러운지를 알 수 있는데 내가 디자인하고자 하는 모양을 미리 선정하고 스티밍시에 그 디자인에 맞는 거품의 양을 잘 조절할 수 있어야 한다. 한 가지 더 추가하고 싶은 부분은 스티밍 후의 우유의 상태를 계속 흔들어서 유지하려 하지 말고 어느 정도 혼합이 된 느낌이 나면 바로 디자인 하는 것이 좋다.

사람의 손으로 우유의 혼합을 유지하는 것은 매우 어려운 일이다. 머신의 압으로 혼합시켜놓은 상태를 그대로 이용하여 주입하는 훈련을 하자.

BLUE MOUNTAIN
COFFEE

Part 2
기본 라떼아트 디자인

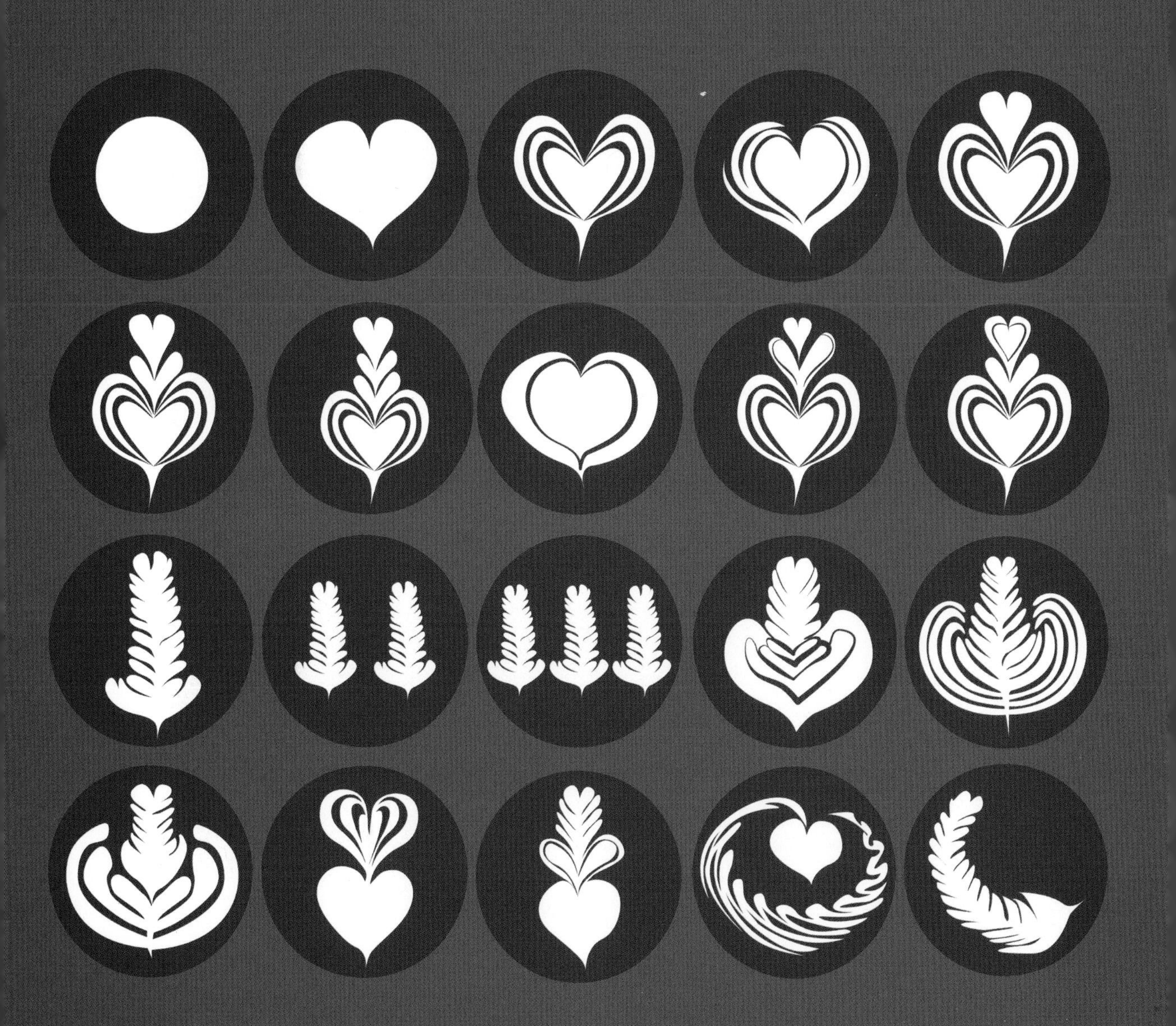

latteart

1. 기본 원

라떼아트에 대한 푸어링(Pouring) 기본형.
일정한 크기와 선명도가 중요함.

디자인 순서

1

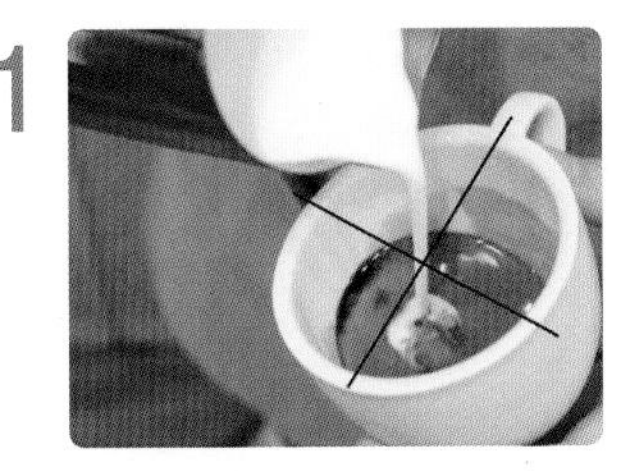

에스프레소의 정 중앙에 가는 줄기로 스팀밀크를 붓는다 .

2

가는 줄기를 유지하고, 처음 스팀밀크를 부었을 때 생긴 우유 자국을 지우며 안정화를 하여 잔의 ½을 채운다.

3

잔 손잡이를 기준으로 ⅓지점에 피쳐를 위치시킨다.

4

원의 모양이 갖춰질 때까지 일정한 양을 붓는다.

5

얼룩진 부분이 없도록 잔의 기울기와 부어주는 양을 일정하게 유지한다.

6

서서히 유량을 줄여 마무리한다.

7

완성

latteart

2. 면하트

라떼아트의 가장 기본적인 디자인이며,
푸어링할 때 양 조절을 가장 주의해야 한다.

디자인 순서

1

에스프레소의 정중앙에 가는 줄기로 스팀밀크를 부어준다.

2

우유 줄기를 가늘게 유지하고, 처음 스팀밀크를 부었을 때 생긴 우유 자국을 지우며 안정화하여 잔의 ½을 채워준다.

3

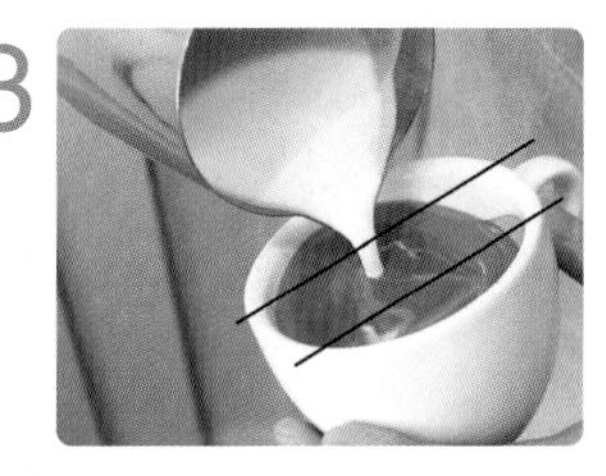

잔 손잡이를 기준으로 ⅓지점에 피쳐를 위치시킨다.

4

원의 모양이 갖춰질 때까지 일정한 양을 붓는다.

5

원 모양이 갖춰지면 붓는 양을 서서히 줄인다.

6

피쳐를 붓던 위치보다 높게 들어 유량을 줄이고 앞으로 이동한다.

7

피쳐를 붓던 위치보다 높게 들어 유량을 줄이고 앞으로 이동한다.

8

완성

latteart

3. 결하트

핸들링(Handling)을 통하여 하트를 표현하는 핸들링 기본 디자인.
시작점과 끝점까지의 일정한 간격 조정이 중요함.

디자인 순서

1

면 하트와 동일하게 잔의 손잡이를 기준으로 ⅓ 지점에 피쳐를 위치시킨다.

2

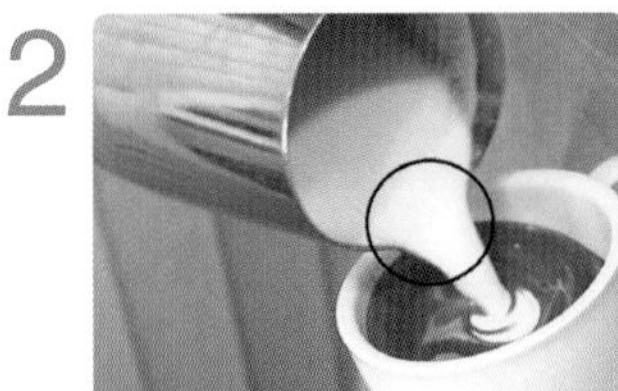

붓는 양이 줄어들지 않도록 일정하게 유지하면서 핸들링을 한다.

3

동일한 폭으로 핸들링을 해주어 일정한 간격을 가진 결을 만든다.

4

하트의 중심까지 결이 생길 수 있도록 잔이 다 찰 때까지 핸들링을 한다.

5

하트의 모양이 갖춰지면 유량을 줄이고 피쳐를 앞으로 이동시킨다.

6

우유의 양을 최소한으로 줄이고 중심을 그어 마무리를 해준다.

7

완성

latteart

4. 무빙 하트

핸들링의 강약을 이용하여 특징있는 하트를 그려내는 디자인.
핸들링의 속도와 푸어링의 강약이 중요함.

디자인 순서

1

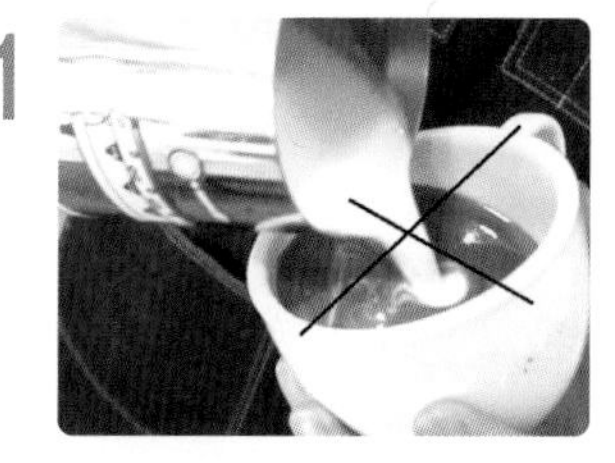

안정화를 마치고 잔의 손잡이를 기준으로 ½지점에 피쳐를 위치시킨다.

2

피쳐 전체를 천천히 움직여 굵은 선을 만든다는 느낌으로 그림을 그린다.

3

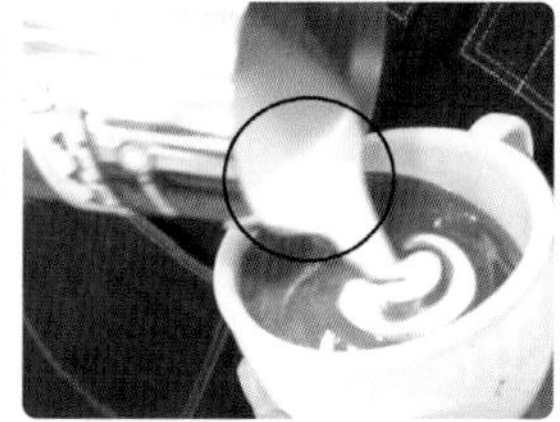

일정한 양을 부어 일정한 두께의 선을 만든다.

4

하트의 모양이 갖춰지면 결 하트에서 사용하던 핸들링으로 내부의 결을 채운다.

5

하트의 내부가 결로 다 채워지면 붓는 양을 줄이고 피쳐를 앞으로 이동시킨다.

6

우유 줄기를 최소한으로 줄여 중심을 그어준다.

7

완성

latteart

5. 2단 튤립

2개의 하트를 이용한 디자인. 첫 번째 하트를 충분히 밀어내는 느낌으로 핸들링하여 표현함. 두 번째 하트는 공간적인 여유를 주고 첫 번째 보다는 작은 느낌으로 그려냄.

디자인 순서

1

잔의 ½ 지점에 피쳐를 위치시켜 결하트를 만든다.

2

일정한 간격으로 핸들링을 하며 잔을 점차 세워준다.

3

처음 만든 결이 중심으로 모이게 끝까지 핸들링을 한다.

4

유량을 줄이고 피쳐를 앞으로 조금 이동시켜 중심은 긋지 않은 채 마무리한다.

5

잔의 ¼ 지점에 피쳐를 위치시켜 두 번째 하트를 만들어준다.

6

이때, 좁은 폭으로 핸들링을 해준다.

7

하트 모양이 그려지면 유량을 줄이고 중심을 나누어준다.

8

최대한 가는 줄기를 유지하며 첫 번째 하트의 끝까지 중심을 나누어준다.

9

완성

latteart

6. 3단 튤립

3개의 하트를 이용한 디자인. 첫 번째 하트를 충분히 밀어내는 느낌으로 핸들링 하여 표현함. 두 번째와 세 번째 하트의 위치를 잘 고려 하여 크기와 비율을 생각하여 그려냄.

디자인 순서

1

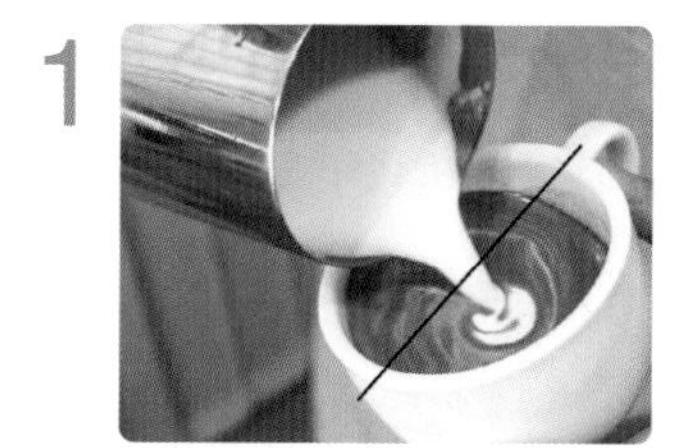

손잡이를 기준으로 잔의 ½ 지점에 피쳐를 위치시킨다.

2

일정하게 핸들링을 하여 결 하트를 만든다.

3

첫 번째 그린 결이 중심까지 올라오고 내부까지 결이 생길 수 있도록 끝까지 핸들링 한다.

4

심은 긋지 않고 앞으로 살짝 이동하여 마무리한다.

5

잔의 ⅓ 지점에 피쳐를 위치시키고 우유를 부으면서 앞으로 조금 이동한다.

6

하트의 크기를 늘리기 위해 폭을 좁게 핸들링하며 그린다.

7

첫 번째 만들어놓은 하트와 같이 중심은 긋지 않고 유량을 줄여 마무리한다.

8

잔의 끝부분에 피쳐를 위치시킨다.

9

두 번째 하트와 같은 방식으로 크기를 늘리기 위해 좁은 폭으로 핸들링하며 그린다.

11

유량을 줄이고 피쳐를 서서히 든다.

12

우유의 줄기를 최대한 작게 만들어 중심 긋기를 한다.

13

완성

latteart

7. 4단 튤립

4개의 하트를 이용한 디자인. 4개의 하트를 그려내기 위해서 첫 번째 하트의 위치를 기본으로 하여 크기와 비율을 잘 조절하여 나머지 3개의 하트를 그려냄.

디자인 순서

1

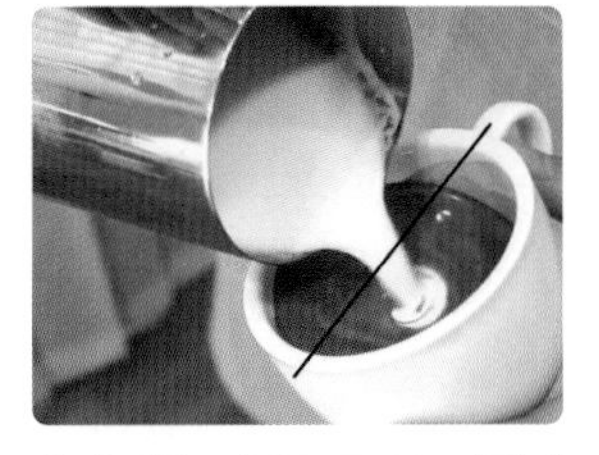

손잡이를 기준으로 ½ 지점에 피쳐를 위치시킨다.

2

일정하게 핸들링을 하여 결 하트를 하나 만든다.

3

하트의 내부까지 결이 생기게 끝까지 핸들링을 한다.

4

중심은 긋지 않고 유량을 줄여 마무리한다.

5

피쳐를 뒤로 살짝 이동하여 두 번째 하트를 그린다.

6

폭을 좁혀 핸들링하고 중심은 긋지 않고 유량을 줄여 마무리한다.

7

위와 같은 방식으로 하트 2개를 더 그린다.

8

마지막 하트가 그려지면 유량을 줄여 중심을 그어 마무리한다.

9

완성

latteart

8. 하트인하트

첫 번째 하트의 밑그림을 잘 그려내고 그 안으로 하트를 그려내는 디자인. 첫 번째 하트보다 두 번째 하트를 더 크게 그린다는 느낌으로 표현. 밀어넣기의 가장 기본적인 디자인.

디자인 순서

1

손잡이 기준으로 ⅓ 지점에 피쳐를 위치시킨다.

2

피쳐를 위치시킨 곳에서 결 하트를 작게 하나 그린다.

3

중심은 나누지 않고 마무리한다.

4

두 번째 하트를 1cm 간격을 두고 뒤쪽에서 핸들링을 하며 그린다.

5

핸들링을 하며 피쳐를 앞쪽으로 이동시킨다.

6

첫 번째 만들어놓은 하트가 두 번째 하트를 감싸 올라오면 피쳐 이동을 멈춘다.

7

첫 번째 하트가 두 번째 하트를 완전히 감쌀 때까지 같은 자리에서 핸들링을 해주고, 다 감싸지면 핸들링을 멈추고 유량을 줄여준다.

8

우유 줄기를 최소한으로 유지하며 중심 긋기를 해준다.

9

첫 번째 하트가 두 번째 하트를 완전히 감쌀 때까지 같은 자리에서 핸들링을 해주고, 다 감싸지면 핸들링을 멈추고 유량을 줄여준다.

10

완성

latteart

9. 1-2-1 밀어 넣기

튤립3단과 밀어넣기의 혼합디자인. 첫 번째 하트로 기본틀을 형성하고 두 번째 하트에서 하트 인 하트를 표현하나 핸들링 없이 밀어넣기만으로 나타냄. 세 번째 하트를 그려내어 완성.

디자인 순서

1

손잡이 기준으로 ½ 지점에 피쳐를 위치시킨다.

2

피쳐를 위치시킨 곳에서 결 하트를 하나 그린다.

3

중심은 나누지 않고 마무리한다.

4

피쳐를 뒤로 이동시켜 간격을 두고 두 번째 하트를 핸들링을 하며 작게 그린다.

5

핸들링은 하지 않고 우유를 부으면서 앞쪽으로 이동하여 두 번째 하트 안에 세 번째 하트를 밀어 넣어준다.

6

모양이 형성되면 유량을 줄이고 마무리한다.

7

세 번째 하트와 간격을 두고 잔의 끝에서 좁은 폭으로 핸들링하며 네 번째 하트를 그린다.

8

하트가 만들어지면 피쳐를 들어 우유 줄기를 최소화하고 중심 긋기를 해준다.

9

완성

latteart

10. 1-1-2 밀어 넣기

튤립3단과 밀어넣기의 혼합디자인. 첫 번째 하트로 기본틀을 형성시키고 두 번째 하트는 비율에 맞게 표현. 세 번째 하트를 밀어넣기의 방법으로 그려내어 완성.

디자인 순서

1 손잡이 기준으로 ½ 지점에 피쳐를 위치시킨다.

2 피쳐를 위치시킨 곳에서 일정한 폭으로 핸들링을 하며 결 하트를 하나 그려준다.

3 중심 긋기는 하지 않고 마무리 한다.

4 첫 번째 하트와 간격을 두고 뒤쪽으로 이동해 핸들링을 하며 두 번째 하트를 작게 만들어준다.

5 두 번째 하트와 간격을 두고 좁은 폭으로 핸들링하며 중심은 긋지 않고 마무리해준다.

6 세 번째 하트와 간격을 두고 우유를 부으면서 앞쪽으로 이동한다. 이때, 세 번째 하트가 네 번째 하트를 다 감쌀 때까지 유량은 줄이지 않고 하트를 그려준다.

7 그림이 완성되면 우유 줄기를 최소화하고 중심을 그어 마무리 한다.

8 완성

latteart

11. 슬림 로제타

핸들링을 표현하는 기술이 중요한 디자인. 잔 전체의 크기를 고려하고 잔의 가운데 지점을 기준으로 푸어링은 일정하면서 너무 빠르지 않도록 하고 핸들링을 일정한 간격과 움직임으로 표현할 수 있도록 훈련하는 것이 중요함.

디자인 순서

1

손잡이 기준으로 ¾ 지점에 피쳐를 위치시킨다.

2

위치시킨 곳에서부터 핸들링을 하며 뒤로 이동한다. 이때, 일정한 폭으로 핸들링을 해준다.

3

뒤쪽으로 이동하는 속도를 일정하게 유지하며 핸들링 한다.

4

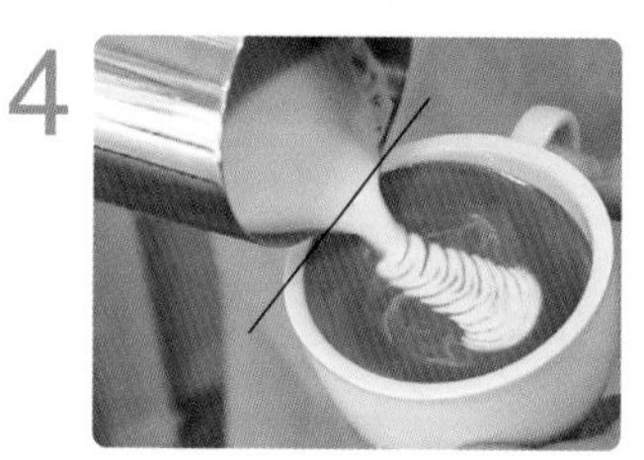

잔의 끝까지 핸들링을 하며 이동한다.

5

부어주는 양을 일정하게 유지하며 핸들링 한다.

6

끝 부분에 작은 하트를 만든다고 생각하고 폭을 좁게 핸들링 한다.

7

작은 하트가 그려지면 유량을 줄이고 우유 줄기를 가늘게 만든다.

8

우유 줄기를 최소화하고 중심을 긋고 마무리한다.

9

완성

latteart

12. 투(Two) 로제타

잔 전체의 크기를 고려하고 두 로제타의 크기 비율을 맞춰 표현하는 것이 중요함. 일정한 핸들링 속도와 움직임으로 로제타 모양을 일정하게 표현할 수 있도록 훈련해야 함.

디자인 순서

1

손잡이를 기준으로 잔의 ¾지점에 피쳐를 위치시킨다.

2

일정하게 핸들링을 하며 피쳐를 뒤쪽으로 이동시킨다.

3

로제타 끝에 작은 하트를 만든다 생각하고 좁은 폭으로 핸들링을 한다.

4

작은 하트 모양이 형성되면 우유 줄기를 최소화하여 중심을 그어준다.

5

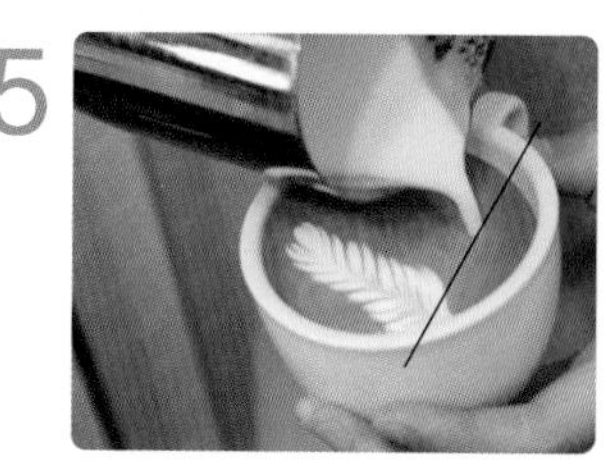

첫 번째 로제타의 시작점과 같은 위치에서 두 번째 로제타를 그린다.

6

일정하게 핸들링을 하며 뒤쪽으로 이동한다.

7

3번과 같은 방식으로 작은 하트를 만든다 생각하고 핸들링을 한다.

8

작은 하트 모양이 형성되면 우유 줄기를 최소화하여 중심을 긋는다.

9

완성

latteart

13. 쓰리(Three) 로제타

잔 안에 3개의 로제타를 표현하는 디자인. 로제타의 일정한 비율과 핸들링의 섬세함이 중요함. 전체 디자인을 표현하는 시간이 너무 길지 않아야 함.

디자인 순서

1

잔의 ½지점에 피쳐를 위치시켜 결하트를 만든다.

2

일정한 간격으로 핸들링을 하며 잔을 점차 세워준다.

3

중심은 긋지 않고 유량을 줄여 마무리한다.

4

피쳐를 뒤로 살짝 이동하여 두 번째 하트를 그린다.

5

폭을 좁혀 핸들링하고 중심은 긋지 않고 유량을 줄여 마무리한다.

6

최대한 가는 줄기를 유지하며 첫 번째 하트의 끝까지 중심을 나누어준다.

7

완성

8

마지막 하트가 그려지면 유량을 줄여 중심을 그어 마무리한다.

9

완성

latteart

14. 면 로제타

기본 원과 로제타의 혼합이 되는 디자인. 기본 푸어링을 통한 기본 원의 위치를 정하고 핸들링을 통한 로제타의 표현으로 완성. 원을 그리는 포인트와 로제타의 시작점이 중요함.

디자인 순서

1

손잡이를 기준으로 잔의 ½지점에 피쳐를 위치시킨다.

2

기본 하트를 만드는 방식과 동일하게 일정한 양을 부어주며 잔을 세운다.

3

하트의 모양이 형성되면 이어서 연결 동작으로 핸들링을 하며 피쳐를 뒤로 이동시킨다.

4

일정하게 핸들링을 하며 결을 만든다.

5

유량이 줄지 않도록 계속 일정하게 부어주면서 잔의 끝까지 이동한다.

6

끝부분에 작은 하트를 그린다 생각하고 좁은 폭으로 핸들링 하며 하트를 작게 그리고, 하트 모양이 형성되면 우유 줄기를 최소화하여 중심을 긋는다.

7

완성

latteart

15. 로제타 

로제타의 기본이 되는 디자인. 디자인의 완성도를 높이기 위해서 핸들링의 밀어넣는 기술과 핸들링의 일정함과 움직임을 이용한 결의 아름다움이 중요함.

디자인 순서

1

손잡이를 기준으로 잔의 ½지점에 피쳐를 위치시킨다.

2

결 하트를 만드는 방식과 동일하게 일정한 양을 부어주고 핸들링하며 잔을 세운다.

3

결 하트의 모양이 형성되면 끊지 않고 이어서 핸들링을 하며 피쳐를 뒤로 이동시킨다.

4

일정하게 핸들링을 하며 결을 만든다.

5

유량이 줄지 않도록 계속 일정하게 부으면서 잔의 끝까지 이동한다.

6

끝부분에 작은 하트를 그린다 생각하고 좁은 폭으로 핸들링 하며 하트를 그려주고, 하트 모양이 형성되면 우유 줄기를 최소화하여 중심을 긋는다.

7

완성

latteart

16. 로제타 밀어 넣기

밀어 넣는 기술로 로제타를 표현하는 디자인. 첫 번째 모양을 그려주는 위치가 중요하며 밀어넣기를 할 때 핸들링의 속도와 푸어링의 기술이 중요함.

디자인 순서

손잡이를 기준으로 잔의 ½지점 에 피쳐를 위치시킨다.

일정한 양을 부어주며 핸들링 하여 결하트를 그린다.

하트의 내부까지 결이 생기도록 끝까지 핸들링 한다. 이때, 중심 긋기는 하지 않고 마무리한다.

그려놓은 결 하트와 간격을 두고 뒤쪽에 로제타를 그린다.

일정하게 핸들링하며 잔의 뒤쪽 끝까지 이동한다.

끝부분에 작은 하트를 그린다 생각하고 좁은 폭으로 핸들링 하며 하트를 그리고, 하트 모양이 형성되면 우유 줄기를 최소화하여 중심을 긋는다.

7

완성

latteart

17. 하트 투 하트

하트 두 개를 그려내는 작품. 첫 번째 하트를 앞쪽으로 그려내고 이어지는 느낌으로 두 번째 하트를 그려내는 것이 중요함. 첫 번째 하트와 두 번째 하트의 시작점과 비율을 생각하여 그려내야 함.

디자인 순서

1

잔의 끝 지점에 피쳐를 위치시킨다.

2

일정하게 핸들링하여 결 하트를 그린다. 이때, 하트의 크기는 잔의 절반 정도가 되게 그린다.

3

하트의 내부까지 결이 생기도록 끝까지 핸들링 한다.

4

피쳐를 살짝 들어 유량을 줄인 후 중심을 그어준다.

5

중심을 그은 후 하트의 끝부분에서 피쳐를 다시 내려 유량을 늘린다.

6

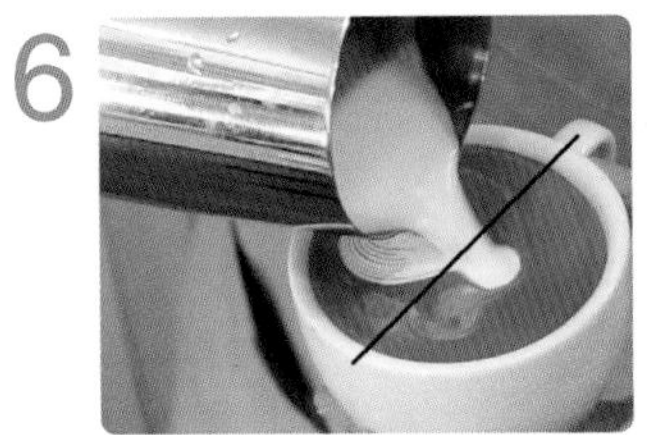

첫 번째 그려놓은 하트와 살짝 맞물린 위치에서 계속 핸들링하며 하트를 그린다.

7

두 번째 하트가 아래쪽에 형성되면 우유 줄기를 최소화하여 중심을 긋는다.

8

완성

latteart

18. 로제타 투 하트

로제타와 하트를 같이 그려내는 디자인. 첫 번째로 로제타를 먼저 그리고 로제타 끝부분에 하트를 잘 이어지도록 그려내는 것이 중요함.

디자인 순서

1

손잡이를 기준으로 잔의 ½지점 에 피쳐를 위치시킨다.

2

결 하트를 만든다 생각하고 일정하게 핸들링 한다.

3

하트의 모양이 형성되면 핸들링을 하면서 뒤쪽으로 이동하여 결을 만든다.

4

끝부분에 작은 하트를 만든다 생각하고 제자리에서 좁은 폭으로 핸들링을 한다.

5

중심 긋기를 하며 로제타의 끝과 살짝 맞물린 위치에서 계속 핸들링하며 하트를 그려준다.

중심을 그은 후 로제타의 끝과 살짝 맞물린 위치에서 피쳐를 다시 내려 유량을 늘려준다.

7

계속 핸들링하면서 하트를 그리고, 하트가 아래쪽에 형성이 되면 우유 줄기를 최소화하여 중심을 긋는다.

8

완성

latteart

19. 잔 돌리기

핸들링과 잔을 돌려주면서 잡는 기술로 그려내는 디자인. 푸어링의 속도에 의해서 표면에 우유거품이 밀리는 효과를 이용하고 이에 맞추어 잔을 돌려주면서 잡아주는 것이 중요함. 마지막은 하트를 그려내어 완성함.

디자인 순서

1

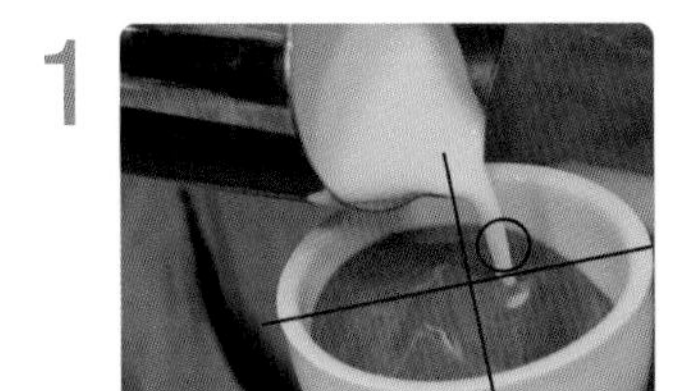

잔의 측면(잔의 벽면과 가까운 곳)에 피쳐를 위치시킨다.

2

잔의 벽면과 가까이에서 일정하게 핸들링을 한다.

3

잔의 벽면을 타고 유속이 생겨 흐르는 듯한 결이 형성된다.

4

잔이 점차 채워지면서 우유의 흐름이 멈추면 직접 잔을 돌리면서 핸들링을 한다.

5

반대편에 있는 가장 먼저 형성된 결에 가까워질 때까지 핸들링하며 잔을 돌린다.

6

만들어 놓은 그림의 양쪽 끝 지점 사이에 결 하트를 그린다.

7

하트가 형성되면 우유 줄기를 최소화하여 중심을 긋는다.

8

완성

latteart

20. 월계수

로제타의 변형 디자인. 월계수 잎의 느낌처럼. 로제타의 자연스러운 움직임을 표현하는 것이 포인트. 잔을 돌려주면서 잡아주고 푸어링의 표현보다는 핸들링과 움직임으로 표현하는 것이 중요함.

Ver 1 Ver 2

디자인 순서

1

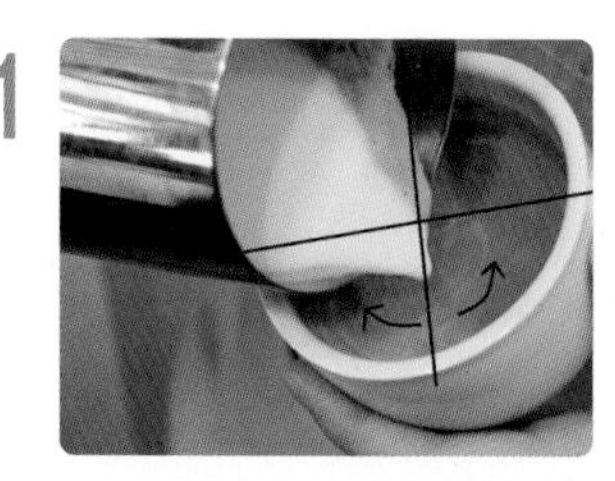

잔의 하단부 측면에 피쳐를 위치시킨다(이때, 잔을 돌리는 방향은 어느쪽이던 상관없다).

2

잔의 측면에서부터 시작하여 일정하게 핸들링을 하며 잔을 돌린다. 이때, 너무 벽면과 가까우면 유속이 생겨 잔 돌리기와 유사한 그림이 형성될 수 있다.

3

핸들링을 하며 잔을 돌려줄 때 붓는 양과 잔을 돌리는 속도가 비례하도록 한다.

4

끝부분에 하트를 작게 만든다 생각하고 좁은 폭으로 핸들링을 하여 하트를 만든다.

5

하트 모양이 형성되면 우유 줄기를 최소화하여 중심을 그어준다(이때 중심은 곡선의 형태를 띠고 있어야한다).

6

완성

BLUE MOUNTAIN
COFFEE

Part 3
응용 라떼아트 디자인

latteart

1. 하트 플라워 팟

하트가 꽃이고 로제타가 잎사귀가 되는 화분 느낌의 디자인. 첫 번째 하트를 먼저 그려내고 로제타 2개를 양쪽으로 표현해 내는 것이 포인트. 로제타의 각도와 위치가 중요함

디자인 순서

1

손잡이를 기준으로 잔의 ¼지점에 피쳐를 위치시킨다.

2

일정하게 핸들링하여 결 하트를 만든다.

3

우유 줄기를 최소화하여 중심을 긋는다.

4

하트의 중심선을 기준으로 하고 대각선 방향으로 로제타를 그린다.

5

로제타의 모양이 형성되면 우유 줄기를 최소화하여 중심을 긋는다.

6

잔을 돌려 반대 대각선 방향으로 로제타를 짧게 그린다.

7

로제타의 모양이 형성되면 우유 줄기를 최소화하여 중심을 긋는다.

8

완성

latteart

2. 튤립 플라워팟

꽃을 튤립으로 표현한 화분 느낌의 디자인. 2단 튤립을 먼저 그려내고 로제타 2개를 양쪽으로 표현해 내는 것이 포인트. 튤립을 그릴 때 부어주는 양을 적절히 조절해야 로제타를 그려낼 수 있음.

디자인 순서

1

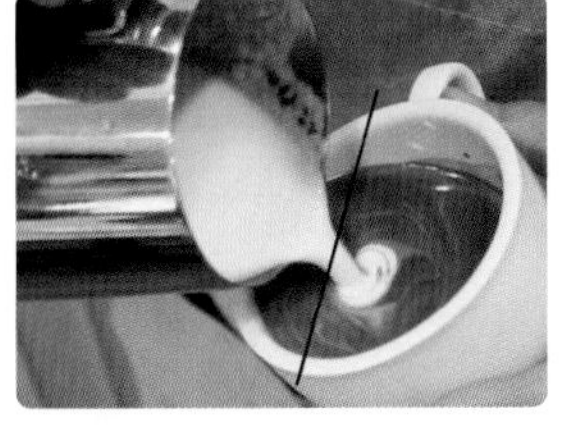

손잡이를 기준으로 잔의 ⅓ 지점에 피쳐를 위치시킨다.

2

일정하게 핸들링하여 첫 번째 결 하트를 만든다.

3

첫 번째 하트와 간격을 두고 핸들링하여 두 번째 하트를 만들든다.

4

우유 줄기를 최소화하여 중심을 긋는다.

5

하트의 중심선을 기준으로 하고 대각선 방향으로 로제타를 긋는다.

6

로제타의 모양이 형성되면 우유 줄기를 최소화하여 중심을 긋는다.

7

잔을 돌려 반대편 대각선 방향으로 로제타를 그린다.

8

유량이 줄지 않도록 일정하게 부으며 핸들링 한다.

9

로제타의 모양이 형성되면 우유 줄기를 최소화하여 중심을 긋는다.

10

완성

latteart

3. 밀어 넣기 플라워 팟

밀어넣기를 응용한 플라워 팟 디자인. 1-2-1 밀어넣기를 먼저 그려내고 로제타 2개를 양쪽으로 표현해 내는 것이 포인트. 로제타를 그릴 때의 주입량과 핸들링 속도가 중요함.

디자인 순서

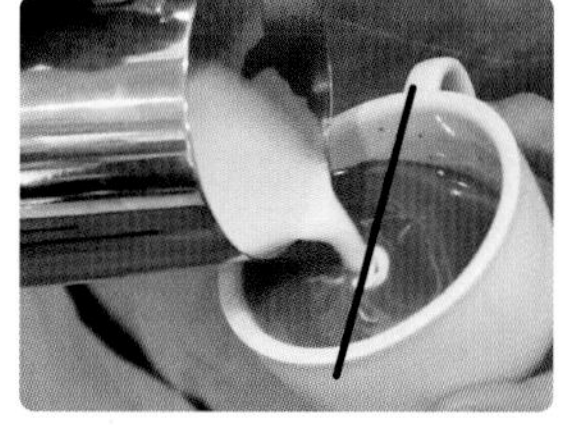

손잡이를 기준으로 잔의 ½ 지점에 피쳐를 위치시킨다.

일정하게 핸들링 하여 첫 번째 결 하트를 만든다.

3

첫 번째 하트와 간격을 두고 핸들링 하여 두 번째 하트를 만든다.

두 번째 하트 안으로 세 번째 하트를 밀어 넣는다.

5

마지막 하트를 좁은 폭으로 핸들링 하여 그린 후 우유 줄기를 최소화하여 중심을 긋는다.

하트의 중심선을 기준으로 하고 대각선 방향으로 로제타를 그린다.

7

로제타의 모양이 형성되면 우유 줄기를 최소화하여 중심을 긋는다.

잔을 돌려 반대편 대각선 방향으로 로제타를 그린 뒤 모양이 형성되면 우유 줄기를 최소화하여 중심을 긋는다.

완성

latteart

4. 원(One) 하트 & 포(Four) 로제타

중앙에 하트를 먼저 그려내고 그 주위에 로제타 4개를 그리는 디자인. 각 모양의 결의 선명도와 전체적인 대칭이 중요함.

디자인 순서

1

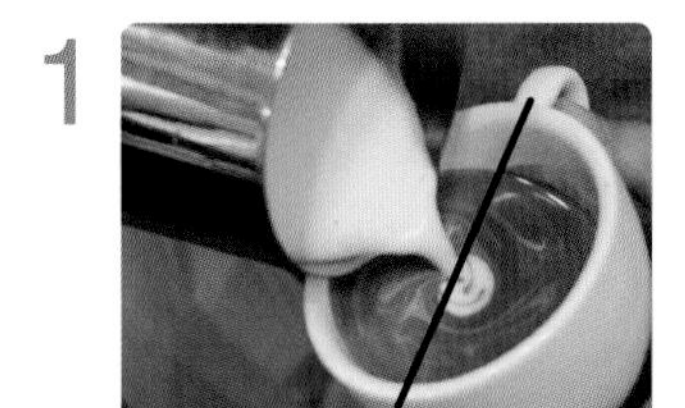

손잡이를 기준으로 잔의 ½ 지점에 피쳐를 위치시킨다.

2

일정하게 핸들링 하여 결 하트를 만든 뒤 우유 줄기를 최소화하여 중심을 긋는다.

3

잔의 손잡이를 기준으로 하고 사진과 같이 대각선 방향으로 로제타를 짧게 그린다.

4

모양이 형성되면 우유 줄기를 최소화하여 중심을 긋는다.

5

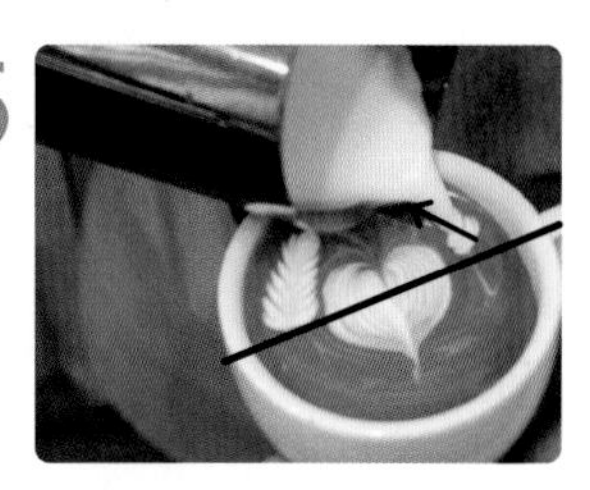

잔을 돌려 반대편 대각선 방향으로 로제타를 짧게 그린다.

6

모양이 형성되면 우유 줄기를 최소화하여 중심을 긋는다.

7

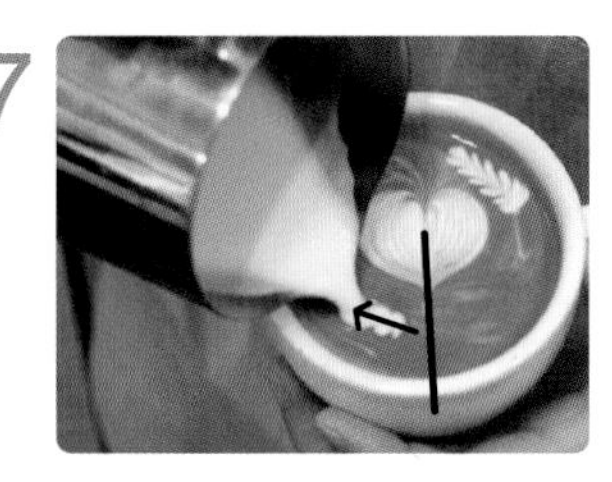

하트의 중심선을 기준으로 하고 대각선 방향으로 로제타를 그린다.

8

모양이 형성되면 우유 줄기를 최소화하여 중심을 긋는다.

9

잔을 돌려 반대편 대각선 방향으로 로제타를 그린 뒤 모양이 형성되면 우유 줄기를 최소화하여 중심을 긋는다.

10

완성

latteart

5. 파이브(Five) 로제타

중앙에 로제타를 그려내고 그 주위에 로제타 4개를 그리는 디자인.
각 모양의 그려내는 순서와 위치, 핸들링을 반복 훈련하는 것이 중요함.

디자인 순서

1

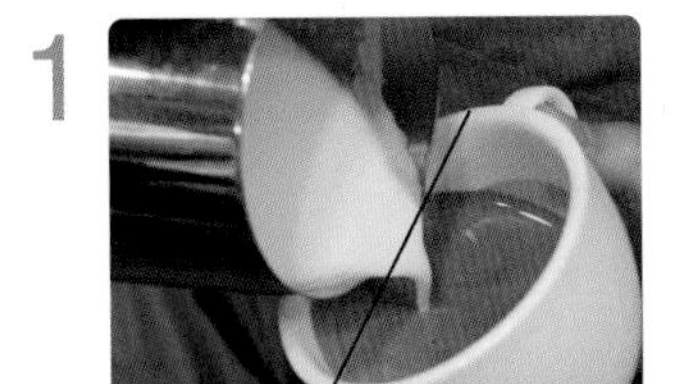

손잡이를 기준으로 잔의 ⅓지점에 피쳐를 위치시킨다.

2

일정하게 핸들링하여 로제타를 만든다.

3

모양이 형성되면 중심을 긋는다.

4

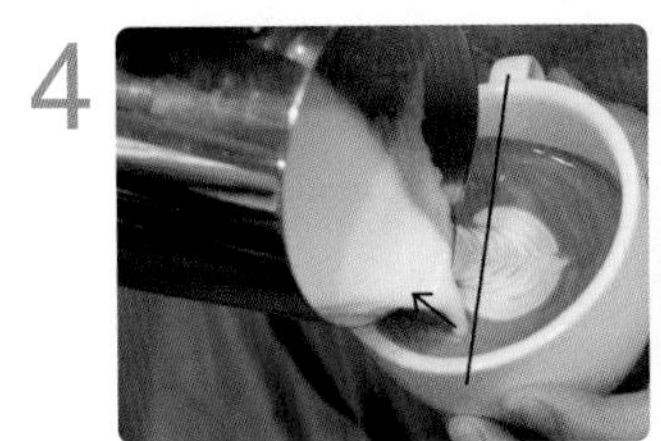

잔의 손잡이를 기준으로 하고 사진과 같이 대각선 방향으로 로제타를 짧게 그린 뒤 중심을 그어 마무리한다.

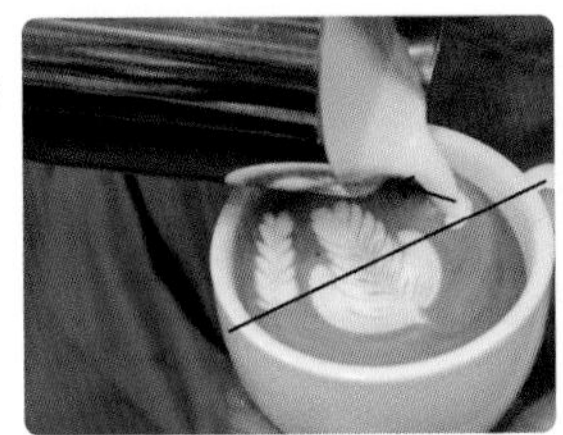

잔을 돌려 반대편 대각선 방향으로 로제타를 그리고 모양이 형성되면 중심을 긋는다.

로제타의 중심선을 기준으로 하고 대각선 방향으로 로제타를 짧게 그린다.

잔을 돌려 반대편 대각선 방향으로 로제타를 그린 뒤 모양이 형성되면 우유 줄기를 최소화하여 중심을 긋는다.

8

완성

latteart

6. 인버트(Invert)

잔을 180° 돌려가며 그리는 것이 특징인 디자인.
잔의 방향을 바꿀 때 잔이 과도하게 흔들리지 않도록 하는 것이 중요함.

디자인 순서

1

잔을 180° 돌려 시작하며, 손잡이를 기준으로 잔의 ½ 지점에 피쳐를 위치시킨다.

2

일정하게 핸들링하여 로제타를 만든다.

3

모양이 형성되면 중심을 긋는다.

4

잔을 다시 180° 돌려 원래대로 잡는다.

5

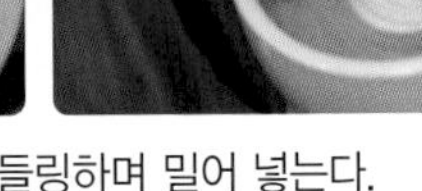

그려놓은 로제타에 하트를 핸들링하며 밀어 넣는다.

6

간격을 두고 두 번째 하트를 핸들링하며 그린다.

7

세 번째 하트를 두 번째 하트에 밀어 넣는다.

8

간격을 두고 마지막 하트를 좁은 폭으로 핸들링하여 그려준 뒤 우유 줄기를 최소화하여 중심을 긋는다.

9

완성

latteart

7. 포(Four) 포지션 로제타

4열십(十)자 방향으로 로제타를 나타내는 디자인. 인버트의 응용이라 할 수 있으며, 잔을 돌려 여러 방향으로 움직이는 것이 숙달되어야 함.

디자인 순서

1

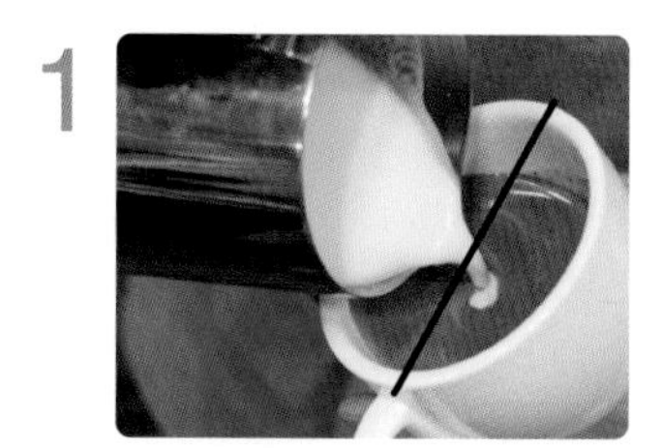

잔을 180° 돌려 시작하며, 손잡이를 기준으로 잔의 ½ 지점에 피쳐를 위치시킨다.

2

일정하게 핸들링하여 슬림 로제타를 만든다.

3

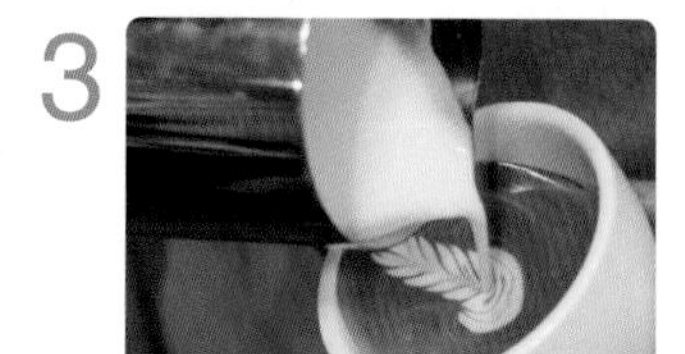

모양이 형성되면 중심을 긋는다.

4

잔을 다시 180° 돌려 원래대로 잡는다.

5

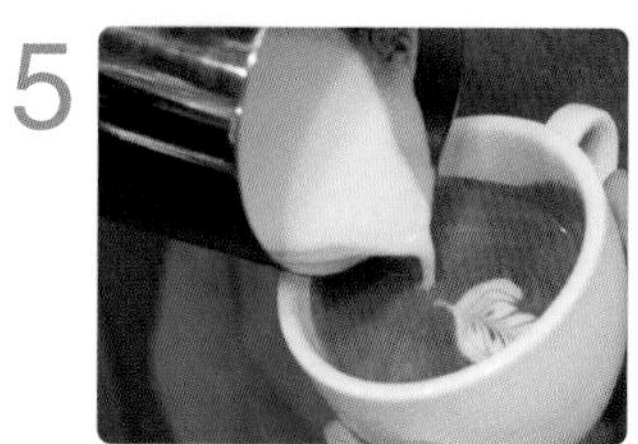

사진과 같이 그려놓은 로제타의 반대편에 두 번째 로제타를 그린다.

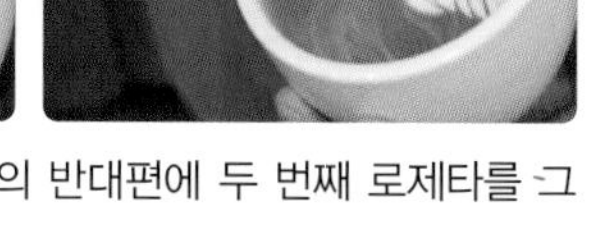

6

두 로제타의 사이에 수직 방향으로 세 번째 로제타를 그린다.

7

우유 줄기를 최소화하여 중심을 긋는다.

8

세 번째 로제타의 반대편에 네 번째 로제타를 그린다.

9

완성

latteart

8. 스완(Swan)

두 날개를 펼친 백조를 그린 디자인. 두 날개의 대칭이 중요하며 로제타 2개로 날개를 표현해야 하기 때문에 기본 스완 디자인보다 푸어링의 배분이 중요함.

디자인 순서

1

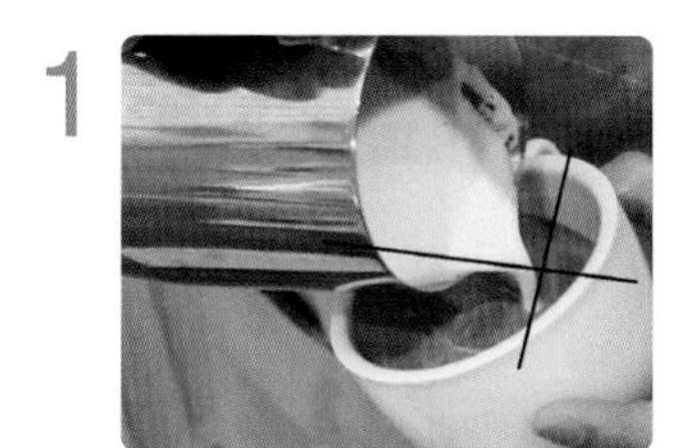

잔의 손잡이를 기준으로 ⅔ 지점의 측면에 피쳐를 위치시킨다.

2

일정하게 핸들링 하여 로제타를 만든다.

3

중심을 긋지 않고 형성된 모양의 안쪽 테두리를 지나간다.

4

좁은 폭으로 핸들링을 하여 원(몸통)을 만들고, 피쳐를 곡선이 되게 뒤쪽으로 끌어와 백조의 목 부분을 만든다.

5

다시 좁은 폭으로 핸들링을 하여 원(얼굴)을 만든다.

6

형성된 원의 중심을 그어 하트를 만든다.

7

완성

latteart

9. 투윙(Two Wing) 스완

두 날개를 펼친 백조를 그린 디자인. 두 날개의 대칭이 중요하며 로제타 2개로 날개를 표현해야 하기 때문에 기본 스완 디자인보다 푸어링의 배분이 중요함.

디자인 순서

1

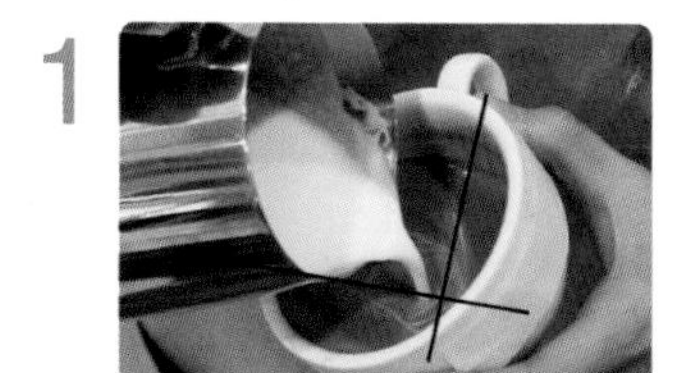

잔의 손잡이를 기준으로 $\frac{2}{3}$지점의 측면에 피쳐를 위치시킨다. 이때 잔은 넘칠 듯 말 듯하게 바짝 기울여 주어야 한다.

2

일정하게 핸들링하며 뒤쪽으로 이동한다.

3

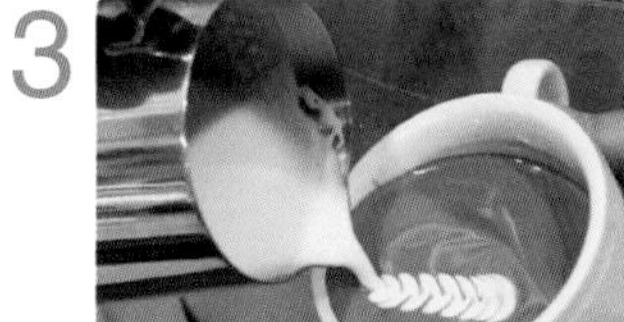

중심을 긋지 않고 형성된 모양의 안쪽 테두리를 지나간다.

4

그려놓은 날개와 대칭이 되도록 같은 시작점에 피쳐를 위치시킨다.

5

일정하게 핸들링하며 뒤쪽으로 이동한다.

6

중심을 긋지 않고 형성된 모양의 안쪽 테두리를 지나간다.

7

좁은 폭으로 핸들링하여 원(몸통)을 만들고 피쳐를 곡선을 이루게 뒤쪽으로 끌어준다.

8

7번에서 원(몸통)을 그린 방식과 마찬가지로 좁은 폭으로 핸들링하여 하트를 그리고 중심을 그어 백조의 얼굴을 만든다.

9

완성

latteart

10. 둥지 스완

둥지에 있는 백조를 나타내는 디자인. 핸들링을 통한 둥지 모양과 스완의 전체적인 밸런스가 중요함.

디자인 순서

1

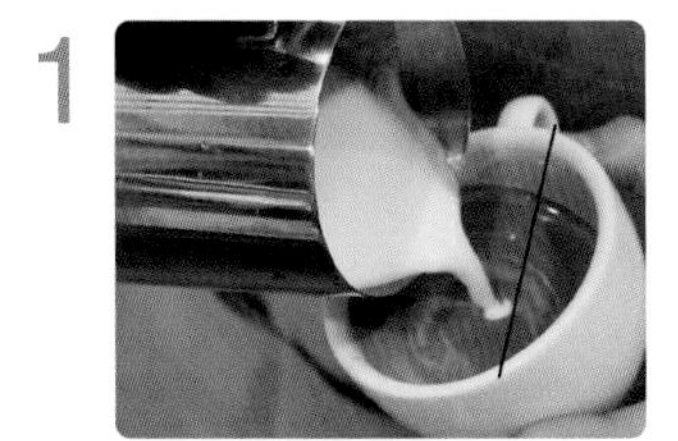

잔의 손잡이를 기준으로 ⅔지점 에 피쳐를 위치시킨다.

2

일정하게 핸들링 하여 결 하트를 만들고 중심은 긋지 않고 마무리한다.

3

두 번째 하트를 살짝 밀어 넣는다.

4

잔을 약간 틀어준다.

5

일정하게 핸들링하며 뒤쪽으로 이동한다.

6

중심을 긋지 않고 형성된 모양의 안쪽 테두리를 지나간다.

7

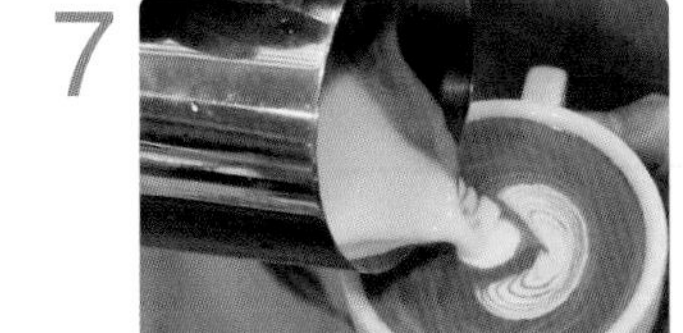

잔은 원위치하고 날개를 마무리한 위치에서 피쳐를 곡선을 이루게 뒤쪽으로 끌어준다.

8

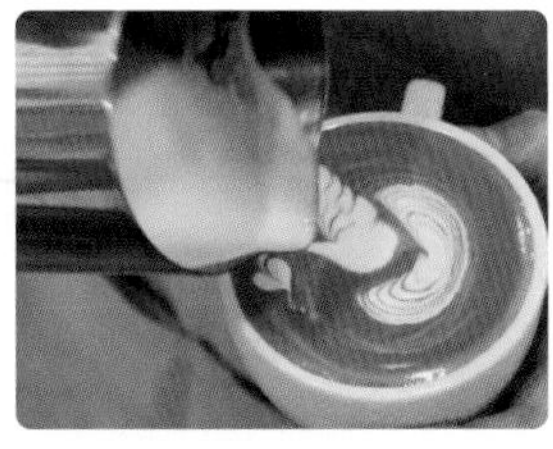

좁은 폭으로 핸들링 하여 하트를 그리고 중심을 그어 백조의 얼굴을 만든다.

9

완성

latteart

11. 둥지 스완 - 날개 변형

둥지 스완의 날개 변형 디자인. 스완의 날개 부분을 로제타가 아닌 원을 띄워 표현한 것이 특징.

디자인 순서

1

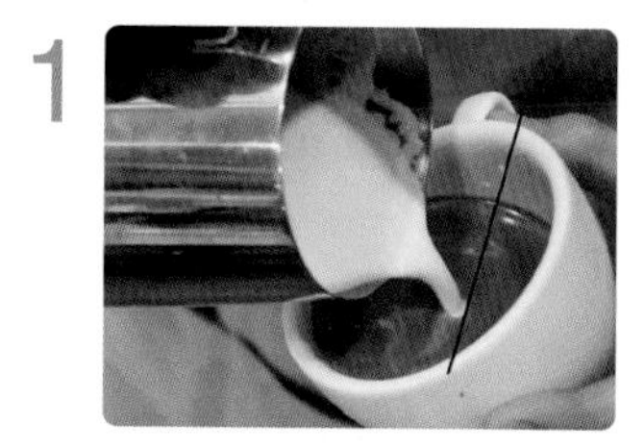

잔의 손잡이를 기준으로 ⅔ 지점에 피쳐를 위치시킨다.

2

일정하게 핸들링 하여 결 하트를 만들고 중심은 긋지 않고 마무리한다.

3

두 번째 하트를 살짝 밀어 넣는다.

4

잔을 살짝 틀어준다.

5

좁은 폭으로 핸들링하여 원을 만든다.

6

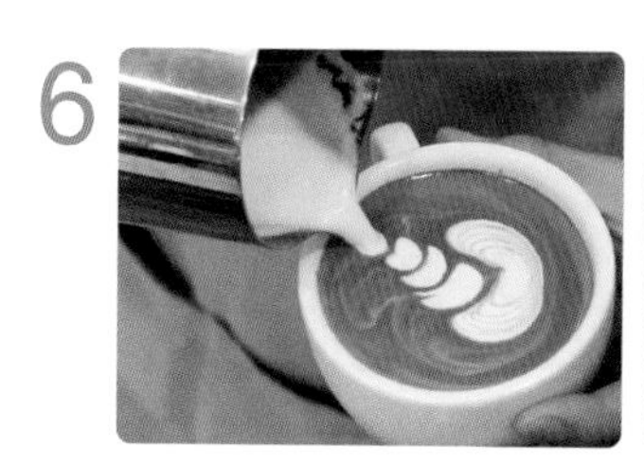

중심은 긋지 않고 형성된 모양의 안쪽 테두리를 지나간다.

7

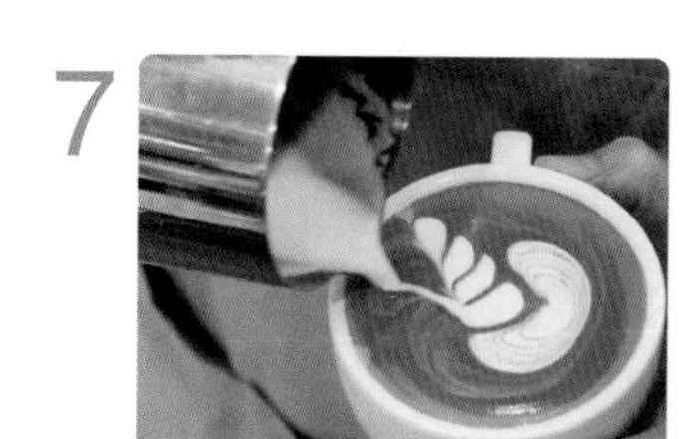

잔은 원위치하고 피쳐를 곡선을 이루게 뒤쪽으로 끌어준다.

8

좁은 폭으로 핸들링 하여 원을 만들고 중심을 그어 백조의 얼굴을 만든다.

9

완성

latteart

12. 스완 팟

둥지 스완과 플라워 팟의 응용 디자인. 둥지 스완을 그린 후 하단에 2개의 날개를 그려내는 것이 특징

디자인 순서

1

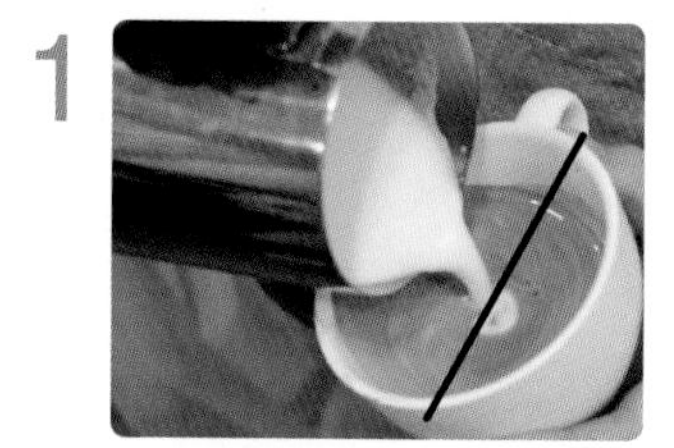

잔의 손잡이를 기준으로 ⅔ 지점에 피쳐를 위치시킨다.

2

일정하게 핸들링 하여 결 하트를 만들어주고 중심은 긋지 않고 마무리한다.

3

두 번째 하트를 살짝 밀어 넣는다.

4

잔을 약간 틀어준다.

5

일정하게 핸들링 하며 로제타를 그린다.

6

중심은 긋지 않고 형성된 모양의 안쪽 테두리를 지나간다.

7

잔은 원위치하고 날개를 마무리한 지점에서 피쳐를 곡선을 이루게 뒤쪽으로 끌어준 뒤 작은 하트를 만든다.

8

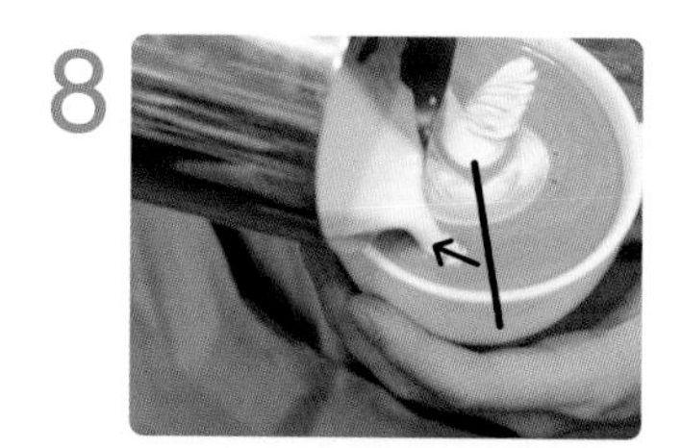

처음 그린 하트의 중심을 기준으로 하고 하단부에 대각선으로 날개를 그린다.

9

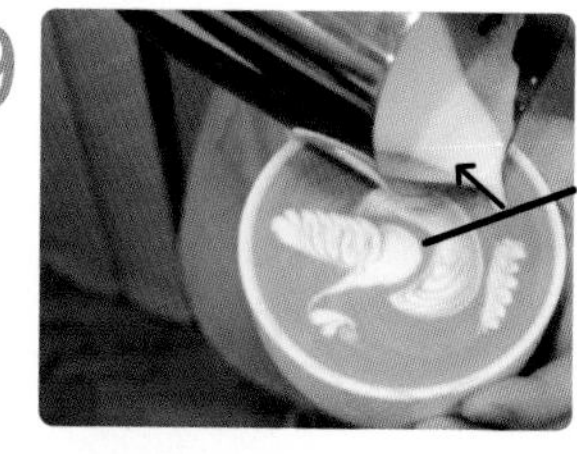

잔을 돌려 반대쪽 대각선 방향으로 날개를 하나 더 그린다.

10

완성

latteart

13. 인버트 스완

인버트 디자인을 응용한 둥지 스완 응용 디자인. 둥지 스완을 그린 후 잔을 180° 돌려 인버트와 같은 방법으로 반대편에 스완을 그리는 것이 특징.

디자인 순서

1

잔을 180° 돌려 시작하며, 손잡이를 기준으로 잔의 ½ 지점에 피쳐를 위치시킨다.

2

일정하게 핸들링 하여 결 하트를 만들고 중심은 긋지 않고 마무리한다.

3

두 번째 하트를 살짝 밀어 넣는다.

4

잔을 약간 틀어 날개를 그린다.

5

사진과 같이 날개를 마무리한 위치에서 피쳐를 곡선으로 끌어준 뒤 작은 하트를 만들고 중심을 그어 마무리한다.

6

잔을 다시 180° 돌려 원래대로 잡는다.

7

잔을 살짝 틀어 날개를 그린다.

8

우유 줄기를 최소화하여 결의 안쪽 테두리를 지나간다.

9

사진과 같이 날개를 마무리한 위치에서 피쳐를 곡선으로 끌어준 뒤 작은 하트를 만들고 중심을 그어 마무리한다.

10

완성

latteart

14. 장미

장미 한 송이를 형상화한 디자인. 핸들링과 밀어 넣기의 반복적인 훈련을 필요로 함.

디자인 순서

1

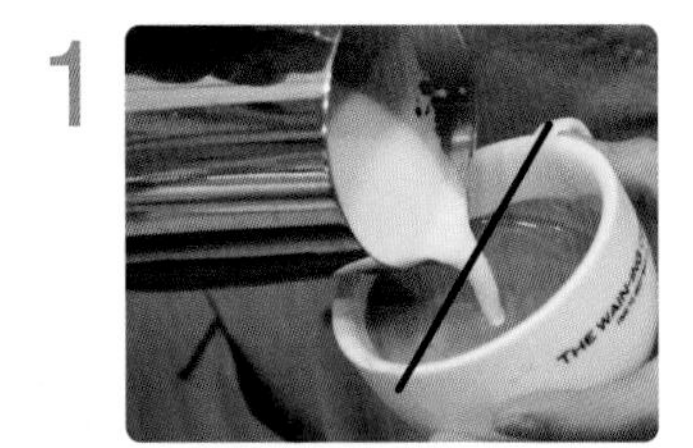

손잡이를 기준으로 잔의 ½ 지점에 피쳐를 위치시킨다.

2

일정하게 핸들링 하여 결 하트를 만들어주고 중심은 긋지 않고 마무리한다.

3

두 번째 하트를 핸들링은 하지 않고 작게 만든다.

4

중점을 기준으로 오른쪽으로 조금 이동하여 세 번째 작은 하트를 그린다.

5

중점을 기준으로 왼쪽으로 조금 이동하여 세 번째 하트와 겹치도록 네 번째 하트를 그린다.

6

세 번째 하트의 중심에 피쳐를 위치시키고 다섯 번째 하트를 살짝 밀어 넣는다.

7

네 번째 하트의 중심에 피쳐를 위치시키고 하트를 살짝 밀어 넣는다.

8

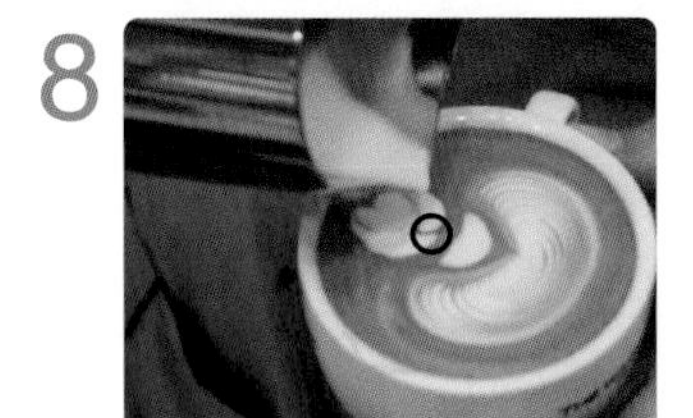

사진과 같이 완성된 꽃의 끝부분에 피쳐를 위치시킨다.

9

우유 줄기를 가늘게 만들어 중심을 그어준다.

10

완성

latteart

15. 웨딩 마치(Wedding March)

결혼 행진문을 형상화한 디자인. 그려야하는 모양의 개수가 많기 때문에 푸어링의 양 조절이 중요하고 좌우 대칭을 맞추어야 함

디자인 순서

1

손잡이를 기준으로 잔의 ½ 지점 측면에 피쳐를 위치시킨다.

2

일정하게 핸들링하여 날개모양을 만들고 형성된 결의 안쪽 테두리를 지나간다.

3

반대쪽 측면에도 같은 방식으로 날개를 그린다.

4

만든 날개의 안쪽으로 로제타를 짧게 그린다. 이때, 중심은 긋지 않고 마무리한다.

5

반대쪽 날개 안쪽으로도 같은 방식으로 로제타를 만든다.

6

그려놓은 로제타 사이에 하트를 그리고 두 번째 하트를 밀어 넣는다.

7

간격을 두고 세 번째 하트를 작게 그린다.

8

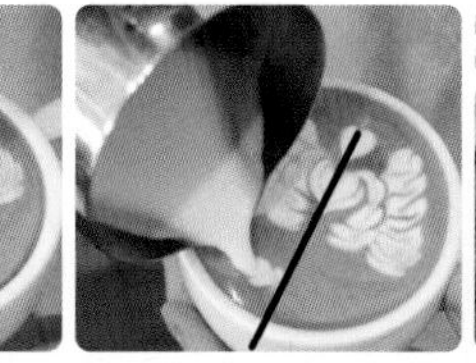

잔을 돌려 하트를 중심을 기준으로 하고 로제타를 대각선 방향으로 짧게 그린다.

9

반대쪽으로 잔을 돌려 위와 같은 방식으로 로제타를 그리고 중심을 긋는다.

10

완성

BLUE MOUNTAIN
COFFEE
PRODUCT OF JAMA

Part 4
에칭 라떼아트 디자인

1. 소스를 사용한 에칭

latteart

1. 물결

물결 모양을 표현한 디자인. 일정한 간격과 높이를 유지하며 그려주는 것이 중요

디자인 순서

1

초코 소스를 일정한 두께로 그려준다(이 과정을 드리즐이라고 한다).

2

에칭펜을 이용하여 물결 모양을 선의 끝까지 위아래로 연속해서 그린다.

3

이때, 에칭펜의 끝부분만 살짝 사용하고 위아래의 높이와 간격(폭)을 일정하게 그린다.

4

완성

latteart

2. 물결 응용

물결 모양의 응용 디자인. 물결과 같은 방식으로 그린 후 중심을 그어주는 것이 특징

디자인 순서

1

초코 소스를 일정한 두께로 드리즐 한다.

2

에칭펜을 이용하여 물결 모양을 그려놓은 선의 끝까지 위아래로 연속해서 그린다.

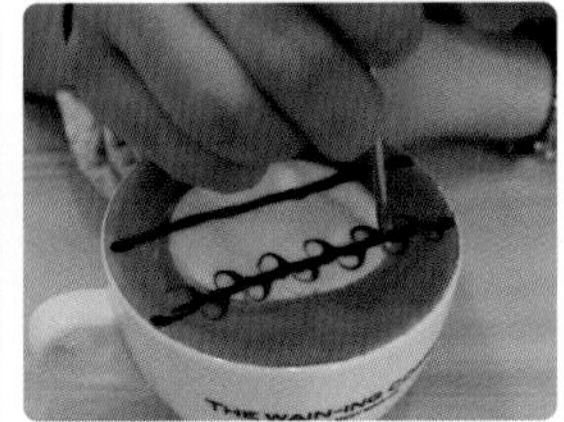

에칭펜의 끝부분만 살짝 사용해 드리즐한 초코 소스를 따라 중앙을 나눈다.

2번과 같은 방식으로 선의 끝까지 물결 모양을 반복해 그린다.

3번과 같은 방식으로 드리즐한 초코소스를 따라 중앙을 나눈다.

완성

latteart

3. 스프링

스프링 모양을 형상화한 디자인.
일정한 간격을 유지하며 그려주는 것이 중요

디자인 순서

1

초코 소스를 일정한 두께로 드리즐 한다.

2

에칭펜을 이용하여 용수철 모양을 반복하여 그린다.

3

에칭펜의 끝부분만 살짝 사용하여 높이와 간격(폭)을 일정하게 그린다.

4

아래쪽에 드리즐한 초코 소스도 마찬가지로 에칭펜의 끝부분만 살짝 사용해 일정한 간격으로 그린다.

5

완성

latteart

4. 업앤다운

위아래로 반복하여 선을 그려주는 디자인. 반복적으로 에칭펜을 사용하기 때문에 펜을 깨끗이 닦아 사용하는 것이 중요

디자인 순서

1

초코 소스를 일정한 두께로 드리즐 한다.

2

에칭펜을 이용하여 선 아래에서 시작해 위로 긋고 에칭펜을 닦는다. 다음은 반대로 선 위에서 아래로 긋고 에칭펜을 닦는다.

3

일정한 간격과 높이를 유지하고 2번 과정을 반복하여 그린다.

4

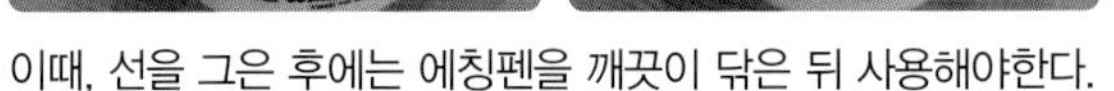

이때, 선을 그은 후에는 에칭펜을 깨끗이 닦은 뒤 사용해야한다.

5

완성

latteart

5. 쓰리(Three) 하트

에칭펜을 사용하여 세 개의 하트를 이어지게 그려내는 디자인. 초코 소스를 사용하여 우유 폼 테두리에 포인트를 주는 것이 특징

디자인 순서

1

1. 안정화 과정으로 잔을 가득 채운 뒤 우유 거품을 떠서 작은 원을 만든다.

2

1번과 같은 방식으로 우유 거품을 떠 작은 원 2개를 더 만든다.

3

초코 소스를 사용하여 만들어놓은 원의 테두리를 그린다.

4

에칭펜을 사용하여 만들어놓은 하트의 중심을 지나간다.

5

이때, 에칭펜을 깊게 넣고 시작하여 점점 위로 뺀다.

6

완성

latteart

6. 꽃-국화

초코와 카라멜 소스를 사용하여 국화꽃 모양을 표현한 디자인

디자인 순서

1

기본 원을 그려놓은 상태에서 초코 소스와 카라멜 소스를 사용하여 원을 그린다.

2

에칭펜을 이용하여 원의 외부에서 중심까지 선을 긋는다. 대칭을 이루도록 반대편도 같은 방식으로 긋는다.

3

2번에서 그려놓은 선과 수직이 되도록 같은 방식으로 선을 긋는다.

4

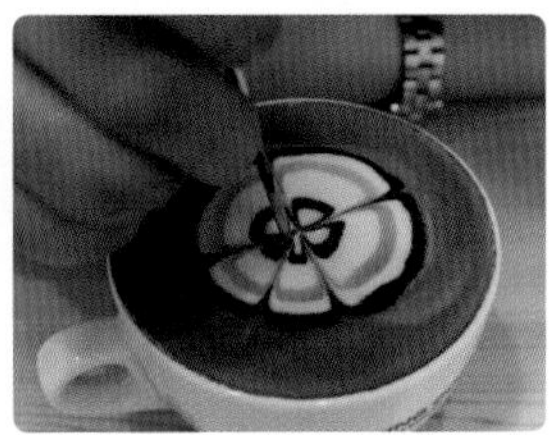

그려놓은 그림의 중심을 같은 방식으로 한번 씩 더 긋는다.

5

완성

latteart

7. 꽃-코스모스

초코와 카라멜 소스를 사용하여 코스모스 꽃 모양을 표현한 디자인

디자인 순서

1

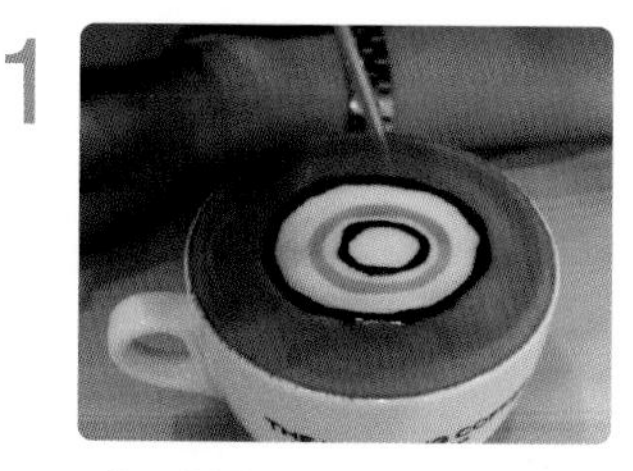

기본 원을 그려놓은 상태에서 초코 소스와 카라멜 소스를 사용하여 원을 그린다.

2

에칭펜을 이용하여 원의 외부에서 중심까지 선을 그어준다. 대칭을 이루도록 반대편도 같은 방식으로 긋는다.

3

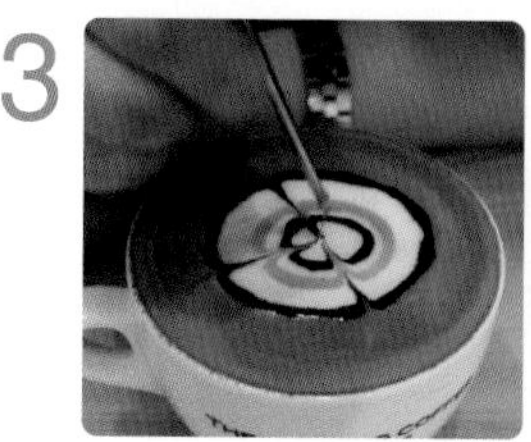

2번에서 그려놓은 선과 수직이 되도록 같은 방식으로 선을 긋는다.

4

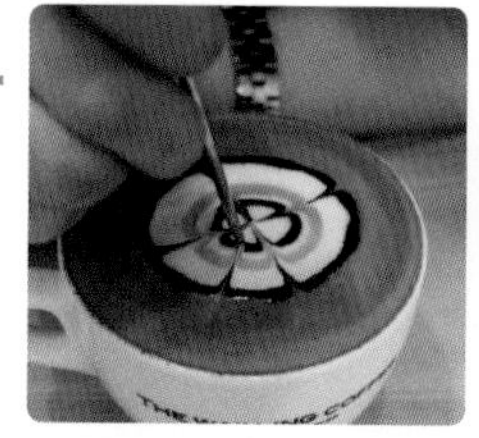

그려놓은 그림의 중심을 같은 방식으로 한번 씩 더 그어준다.

5

에칭펜의 끝부분만 살짝 사용하여 그려놓은 그림의 중심에서 외부로 한번 씩 총 8번 선을 더 긋는다.

6

가운데에 초코소스로 점을 찍듯 마무리를 한다.

7

완성

latteart

8. 꽃-나팔꽃

초코와 카라멜 소스를 사용하여 나팔꽃 모양을 표현한 디자인

디자인 순서

1

안정화로 잔을 가득 채워준다.

2

우유거품을 떠서 우측 상단에 원을 만든다.

3

초코소스를 이용하여 그려놓은 원의 테두리를 긋는다.

4

초코소스를 이용하여 사진과 같이 곡선을 만든다.

5

카라멜 소스를 사용하여 그려놓은 원의 내부에 원을 하나 더 그린다.

6

에칭펜을 이용하여 원의 외부에서 중심까지 선을 긋는다. 대칭을 이루도록 반대편도 같은 방식으로 긋는다.

7

6번에서 그려놓은 선과 수직이 되도록 같은 방식으로 선을 그어준다.

8

에칭펜의 끝부분만 살짝 사용하여 그려놓은 그림의 중심에서 외부로 한 번씩 총 4번 더 선을 더 긋는다.

9

줄기는 에칭펜을 이용하여 물결 모양으로 그린다.

10

초코소스로 점을 찍어 마무리한다.

11

완성

latteart

9. 프로펠러

돌고 있는 프로펠러의 모습을 형상화한 디자인.
초코 소스를 ㄹ자 모양으로 일정하게 그려주는 것이 특징

디자인 순서

1

안정화로만 잔을 가득 채워준다.

2

손잡이와 평행을 이루도록 우유 거품을 떠서 올려준다.

3

그려놓은 그림과 수직이 되도록 우유 거품을 떠서 올린다.

4

우유 거품의 테두리부터 시작하여 사진과 같이 ㄹ자 모양이 되도록 초코소스를 드리즐 한다.

5

에칭펜을 이용하여 외부에서 중심으로 나선형을 그린다.

6

완성

latteart

10. 바람개비

돌고 있는 바람개비의 모습을 형상화한 디자인. 같은 비율로 칸을 나누어주고 한 칸씩 번갈아가며 우유거품을 올려주는 과정이 중요함.

디자인 순서

1

안정화로만 잔을 가득 채운다.

2

손잡이와 평행을 이루도록 초코 소스로 선을 긋는다.

3

그어놓은 초코 소스와 수직이 되도록 선을 긋는다.

4

8등분이 되도록 초코 소스로 한번씩 선을 더 그어준다.

5

우유 거품을 떠서 사진과 같이 한 칸씩 번갈아가며 채운다.

6

에칭펜을 이용하여 중심에서 외부로 나선형을 긋는다.

7

완성

BLUE MOUNTAI
COFFEE
PRODUCT OF JAMAI

Part 4
에칭 라떼아트 디자인

2. 우유 거품을 이용한 에칭

latteart

1. 곰

귀여운 곰돌이를 형상화한 디자인

디자인 순서

1

1. 기본 원 형태를 만든다.

2

에칭펜을 사용하여 원의 내부에서 외부로 곡선을 그리며 선을 긋는다.

3

아래쪽에서도 원의 내부에서 외부로 곡선을 그리며 선을 긋고 그려놓은 선과 닿게 마무리한다.

4

반대쪽도 마찬가지로 그림을 그려 귀 모양을 완성한다.

5

크레마 부분의 거품을 떠서 귀의 아래쪽에 점을 찍어 눈 모양을 만든다.

6

크레마 부분의 거품을 떠서 에칭펜의 끝부분만 살짝 이용하여 코와 입을 그린다.

7

크레마 부분의 거품을 살짝만 떠서 위에서 아래로 곡선을 그려 입모양을 그린다.

8

반대편도 같은 방식으로 그리고 그려놓은 선과 닿게 마무리한다.

9

크레마 거품을 살짝 떠서 눈썹을 짧고 얇게 그린다.

10

반대쪽과 마찬가지로 눈썹을 그린다.

11

크레마 부분의 거품을 살짝 떠서 눈 아래쪽에 짧은 선을 3개 그린다.

12

반대쪽도 마찬가지로 눈 아래쪽에 짧은 선 3개를 그려 발그레한 볼 모양을 완성한다.

13

완성

latteart

2. 고양이 

사랑스러운 고양이를 형상화한 디자인

디자인 순서

1

기본 원 형태를 만들어준 상태에서 시작하며 원의 내부에서 외부로 우유 거품을 끌어 귀 모양을 만든다.

2

아래쪽에서도 원의 내부에서 외부로 선을 긋고 위에 그린 선과 닿게 마무리한다.

3

반대쪽도 마찬가지로 귀 모양을 그린다.

4

크레마 부분 거품을 떠서 하트모양을 그린다.

5

그려놓은 하트의 내부를 거품을 떠서 채운다.

6

반대쪽 눈도 같은 방식으로 그린다.

7

크레마 부분의 거품을 떠서 에칭펜의 끝부분만 살짝 이용하여 코를 그린다.

8

크레마 부분의 거품을 살짝만 떠서 위에서 아래로 직선을 짧게 그린다.

9

그려놓은 선에서 시작하여 대각선으로 직선을 짧게 그린다.

10

반대쪽도 같은 방식으로 선을 그어 입모양을 마무리한다.

11

에칭펜의 끝부분만 살짝 이용하여 눈 아래쪽에서 시작하는

12

반대쪽도 같은 방식으로 수염모양을 그린다.

13

크레마 부분의 거품을 살짝 떠서 눈썹을 작게 그린다.

14

15

완성

latteart

3. 코알라

순진한 코알라를 형상화한 디자인

디자인 순서

1

기본 원 형태를 만든 상태에서 시작하며 원의 내부에서 외부로 우유 거품을 끌어 귀 모양을 만든다.

2

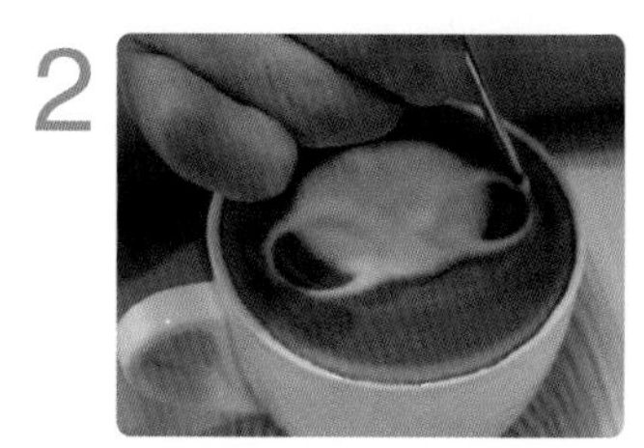

아래쪽에서도 원의 내부에서 외부로 선을 그어주고 위에 그린 선과 닿게 하여 귀 모양을 마무리한다.

3

크레마 부분의 거품을 떠서 눈을 점을 찍듯이 그린다.

4

반대쪽도 마찬가지로 크레마 부분의 거품을 떠서 눈 모양을 그린다.

5

크레마 부분의 거품을 떠서 눈 사이에 크고 긴 역삼각형을 그린다.

6

크고 긴 역삼각형이 그려지면 거품을 떠서 채운다.

7

코끝에서 시작하여 위에서 아래로 선을 짧게 그려준 뒤 대각선 방향으로 직선을 긋는다.

8

반대쪽도 그려놓은 선에서 시작하여 대각선으로 선을 그어 입모양을 완성한다.

9

크레마 부분의 거품을 떠서 눈 아래쪽에 나선형 모양을 그린다.

10

반대쪽도 눈 아래쪽에서 시작하는 나선형 모양을 그린다.

11

크레마 부분의 거품을 살짝 떠서 눈썹을 작게 곡선으로 그린다.

12

반대쪽도 같은 방식으로 눈썹을 그려 완성한다.

13

원 내부의 우유 거품을 떠서 물음표를 그린다.

14

원의 내부에서 외부로 우유 거품을 짧게 끌어 올려 머리털을 그린다.

15

완성

latteart

4. 아기새

깜찍한 아기 새를 형상화한 디자인

디자인 순서

1

기본 원 형태를 만든 상태에서 시작하며 크레마 부분의 거품을 끌어와 원의 내부에서 마무리한다.

2

같은 방식으로 적당한 간격을 두고 곡선을 그려 꼬리 부분을 완성한다.

3

원 내부에서 시작하여 말아 올리듯 우유 거품을 끌어 머리털을 그린다.

4

에칭펜의 끝부분만 살짝 사용하여 우유 거품을 끌어 부리를 짧게 만든다.

5

크레마 부분의 거품을 떠서 눈을 점찍듯 찍는다.

6

완성

latteart

5. 나비

화려한 나비를 형상화한 디자인

디자인 순서

1

하트 인 하트와 같은 방식으로 첫 번째 그린 하트 안에 하트 2개를 밀어 넣어 주고 중심은 긋지 않고 마무리한다.

2

하트의 중심까지 외부에서 내부로 크레마 부분의 거품을 끌어 선을 긋는다.

3

아래쪽도 마찬가지로 외부에서 내부로 크레마 부분의 거품을 끌어 중심에서 마무리한다.

4

반으로 나눈 하트의 ⅔ 지점에서 외부에서 내부로 선을 그어준다. 반대편도 같은 방식으로 ⅔지점에 선을 그어준다.

5

나누어 놓은 날개모양 중 먼저 큰 날개의 중심에서 외부로 선을 그어준다.

6

하단 날개도 같은 방식으로 중심에서 외부로 선을 긋는준다.

7

그림 내부의 우유거품을 떠서 더듬이를 그린다.

8

완성

latteart

6. 토끼 

익살스러운 토끼를 형상화한 디자인

디자인 순서

1

하트 투 하트와 같은 방식이지만 첫 번째 하트 모양을 형성할 때 핸들링을 하지 않고 면 하트를 그린다.

2

중심을 긋고 첫 번째 하트의 끝부분에서 좁은 폭으로 핸들링하여 다시 하트를 그린다.

3

중심은 긋지 않고 마무리한다.

4

크레마 부분의 거품을 떠서 눈을 점을 찍듯 그린다.

5

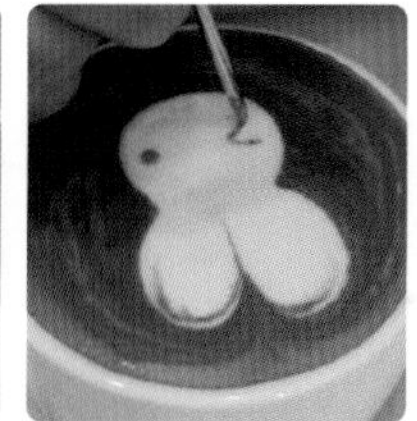

에칭펜을 사용하여 크레마 부분의 거품을 떠서 직선 형태의 선을 그어 주고 웃고 있는 눈 모양을 그린다.

6

크레마 부분의 거품을 떠서 코와 입 모양을 그린다.

7

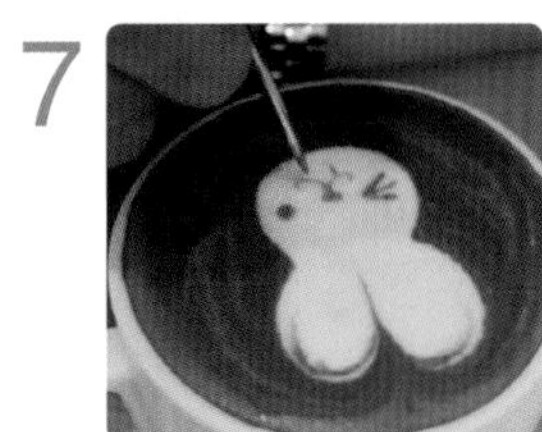

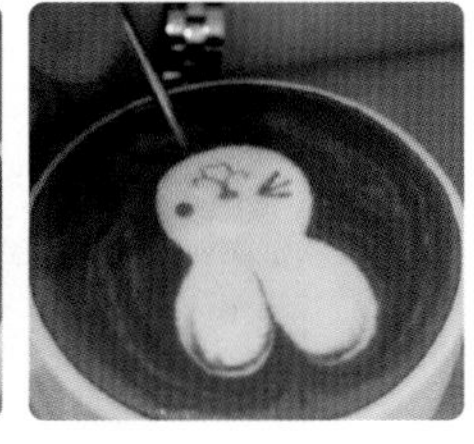

크레마 부분의 거품을 살짝 떠서 그려놓은 입에서 시작하여 선을 그어 이빨을 그린다.

8

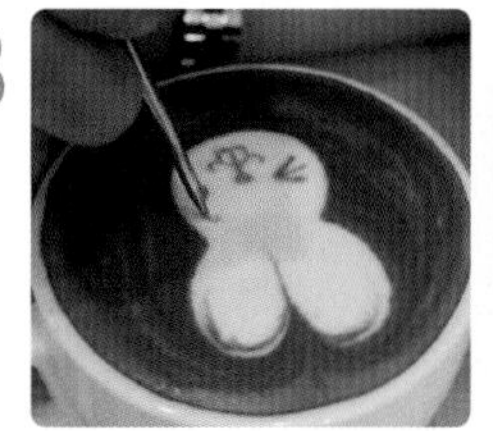

크레마 부분의 거품을 살짝 떠서 눈썹을 곡선 형태로 작게 그린다.

9

완성

latteart

7. 백조 

어여쁜 아기 백조를 형상화한 디자인

디자인 순서

1

둥지 스완 모양을 기본으로 하고 얼굴부분 중심은 긋지 않고 마무리한다.

2

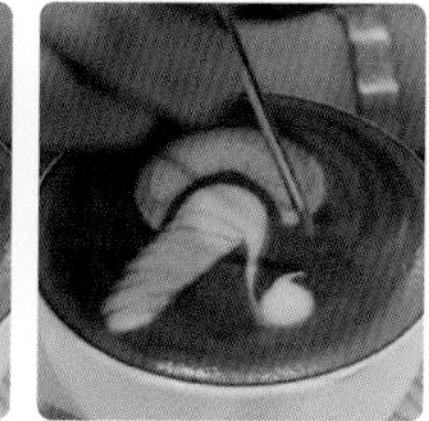

얼굴 쪽 우유 거품을 끌어 부리를 만든다.

3

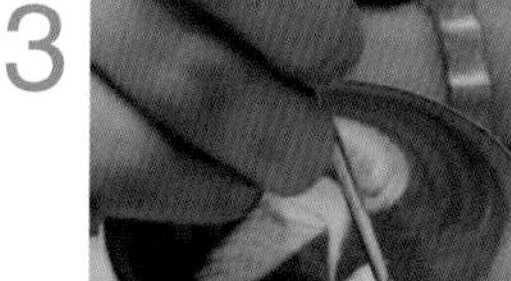

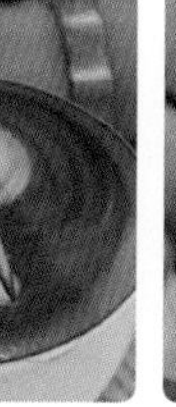

에칭펜의 끝부분을 사용해 우유 거품을 끌어 짧게 곡선으로 머리털을 그린다.

4

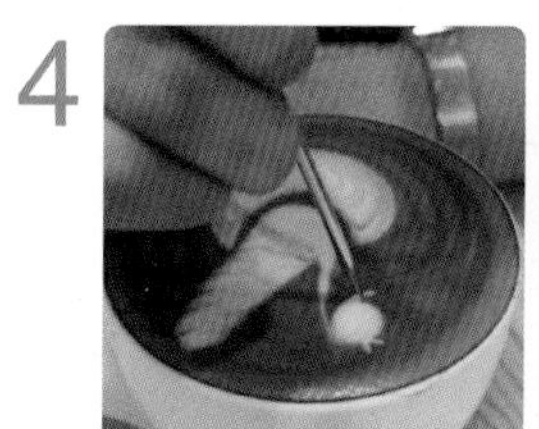

크레마 부분의 거품을 떠서 얼굴과 부리의 경계선을 가늘게 그린다

5

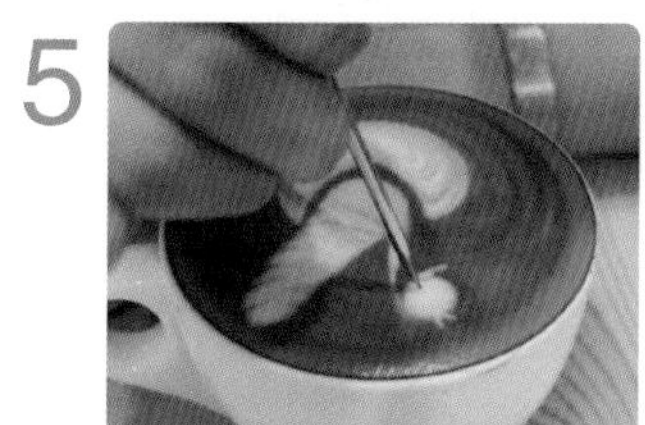

크레마 부분의 거품을 떠서 눈을 점을 찍듯 그린다.

6

크레마 부분의 거품을 떠서 눈썹을 얇고 짧게 그린다.

7

완성

latteart

8. 해와 달 

생동감 있는 해와 달을 형상화한 디자인

디자인 순서

1

잔의 손잡이가 피쳐의 코와 마주보도록 잡고 1–2 밀어 넣기 하트를 그린다. 이때 핸들링은 하지 않는다.

2

첫 번째 하트의 거품을 외부로 끌어 코를 곡선으로 짧게 그리고, 크레마 부분의 거품을 살짝 떠서 눈썹, 눈, 입을 그린다.

3

에칭펜의 끝부분만 살짝 이용하여 2번째 하트의 내부에서 외부로 일정한 간격을 두고 물결을 그리듯 그림을 그린다.

4

크레마 부분의 거품을 떠서 눈을 점을 찍듯 그린다.

5

에칭펜의 끝부분만 살짝 사용하여 크레마 부분의 거품을 떠서 코와 입을 그린다.

6

다시 크레마 부분의 거품을 떠서 눈썹을 짧고 도톰하게 그린다.

7

완성

latteart

9. 새와 꽃

새가 꽃을 물고 가는 모습을 형상화한 디자인

디자인 순서

1

크레마 부분의 거품을 떠서 눈을 점을 찍듯 그린다.

2

에칭펜의 끝부분만 살짝 사용하여 크레마 부분의 거품을 떠서 코와 입을 그린다.

3

에칭펜의 끝부분을 사용해 우유 거품을 끌어 짧게 곡선으로 머리털을 그린다.

4

크레마 부분의 거품을 떠서 얼굴과 부리의 경계선을 가늘게 그린다

5

하트 인 하트와 같은 방식으로 첫 번째 그린 하트 안에 하트 2개를 밀어 넣어 주고 중심은 긋지 않고 마무리한다.

6

하트의 중심까지 외부에서 내부로 크레마 부분의 거품을 끌어 선을 긋는다.

7

아래쪽도 마찬가지로 외부에서 내부로 크레마 부분의 거품을 끌어 중심에서 마무리한다.

8

그어놓은 초코 소스와 수직이 되도록 선을 긋는다.

9

8등분이 되도록 초코 소스로 한번씩 선을 더 그어준다.

10

완성

latteart

10. 루돌프

귀여운 곰돌이를 형상화한 디자인

디자인 순서

1

손잡이를 기준으로 잔의 ½지점에 피쳐를 위치시킨다.

2

기본 원을 만든다.

3

형성된 원의 끝에서 시작하는 로제타를 대각선 방향으로 그려 뿔 모양을 그린다. 이때 중심은 긋지 않고 마무리한다.

4

에칭펜을 사용하여 원의 내부에서 외부로 우유 거품을 끌어 귀 모양을 만든다. 아래쪽에서도 같은 방식으로 거품을 끌어 위에 그려 놓은 선과 닿게 마무리한다.

5

그려놓은 로제타의 중심을 에칭펜으로 긋는다.

6

크레마 부분의 거품을 떠서 점을 찍듯 눈을 그린다.

7

크레마 부분의 거품을 떠서 코를 충분히 크게 그린다.

8

크레마 부분의 거품을 떠서 양쪽 눈 위에 눈썹을 그린다.

9

우유 거품을 떠서 코에 작은 선을 그려 반짝이는 코를 표현한다.

10

크레마 부분의 거품을 떠서 발그레한 볼을 표현한다.

11

완성

Part 5
라떼아트 대회 공략

1. 대회 규정
2. 대회 시연 과정

Chapter 01
대회 규정

대회는 WCCK(World Coffee Championship of Korea)의 라떼아트 부문인 KLAC(Korea Latte Art Championship)대회를 기준으로 설명하겠다. WCCK란 세계바리스타대회에 출전할 한국을 대표하는 국가 대표선수를 선발하는 국내 선수권 대회이다. 각 부문에는 Korea National Barista Championship(KNBC), Korea Brewers Cup Championship(KBrC), Korea Latte Art Championship(KLAC), Korea Coffee in Good Spirits Championship(KCGSC), Korea Cup Tasters Championship(KCTC), Korea Coffee Roasting Championship(KCRC), KSC(Korea Siphonist Championship)이 속한다. 그 중 라떼아트 부문의 국가대표를 뽑는 선발전이 KLAC(Korea Latte Art Championship)이다.

1. KLAC(Korea Latte Art Championship) 소개

이 대회는 크게 예선 – 본선 – 결선으로 나뉜다.

① **예선 : Art Bar–Latte**

시연 순서에 맞춰 순차적으로 시연을 하며, 20분 시연시간안에 포토 존(Photo Zone)에 라떼를 제출해야 하며 시간 내 시간 내에 제출하지 못할 시 실격사유가 된다. 프리푸어, 에칭 등 여러 기술을 이용해 자신만의 라떼를 디자인해야 한다. 이때는 블라인드로 심사가 진행이 된다.

② **본선 : Semi Final-Stage Area**

동시에 2명이 시연을 하며, 5분의 준비시간과 8분의 시연시간이 주어진다. 참가자들은 2잔의 디자이너 라떼(에칭 또는 유사한 기술 사용 가능)와 2잔의 프리푸어 라떼를 제공하여야 한다.

각 카테고리 당 한 장의 사진을 제출해야 하며 심사위원은 1명의 헤드 심사위원, 1명의 테크니컬 심사위원, 2명의 비주얼 심사위원 총 4명으로 구성된다.

③ **결선 : Final Round-Stage Area**

배정된 시간에 한 명씩 시연을 하며, 5분의 준비시간과 10분의 시연시간이 주어진다.

참가자들은 2잔의 디자이너 라떼(에칭 또는 유사한 기술 사용 가능)와 2잔의 프리푸어 라떼, 2잔의 프리푸어 에스프레소 마끼아또를 제공하여야 한다. 각 카테고리 당 한 장의 사진을 제공해야하며 심사위원은 1명의 헤드 심사위원, 1명의테크니컬 심사위원, 2명의 비주얼 심사위원 총 4명으로 구성된다.

예선과 결선에서는 테크니컬과 비주얼 평가가 진행이 되며 테크니컬 평가 항목은 에스프레소, 우유 거품내기, 위생, 퍼포먼스(시연) 이렇게 4가지로 파트를 나눈다.

2. 평가항목

① 테크니컬 평가

에스프레소 파트에서 평가되는 항목은 에스프레소 추출 전 그룹헤드에 물 흘려주었는지, 도징 전 필터바스켓의 물기를 닦고 청결하게 유지하였는지, 도징 또는 그라인딩 시 커피를 많이 흘리거나 낭비하였는지, 일관된 도징과 탬핑을 하였는지, 장착 전 포터필터 의 가장자리와 옆 테두리를 닦았는지, 지연없이 즉각적으로 포터필터를 장착하고 추출하였는지, 추출 시간을 측정하고 3초 이내의 편차를 지니는지를 평가한다.

우유 거품을 내는 기술적 숙련도를 평가하는 항목으로는 시작 시 깨끗하고 비워져 있는 피쳐를 사용하는지, 스티밍 작업 전 스팀 분출을 했는지, 스티밍 작업 후 전용 타월을 사용해 스팀완드의 청결을 유지하고 다시 스팀을 분출하였는지, 사용 후 피쳐가 청결한지, 우유 낭비가 심하지 않았는지를 평가한다.

위생 부분은 최소 3개 이상의 타월(스팀완드용, 필터바스켓 청소용 및 작업대 청소용 타월)을 사용하여 각각의 용도에 맞게 사용하는지를 평가한다.

퍼포먼스(시연) 파트에서는 시작과 종료 시 전체 작업 공간을 청결하게 관리하였는지, 실용적이고 효율적인 방식으로 작업공간을 구성하였는지 사용한 도

2017 Korea Latte Art Championship
테크니컬 스코어 시트 – 예선전

ROUND	국 가	선 수	심사위원

Espresso	FREE POUR LATTE YES	FREE POUR LATTE NO	FREE POUR DESIGNER BEVERAGE YES	FREE POUR DESIGNER BEVERAGE NO
그룹헤드 물 흘리기				
도징 전 필터 바스켓 건조/청결				
도징/그라인딩시 커피의 허용된 흘림/낭비				
일관된 도징과 탬핑				
장착 전 포터필터의 청결				
장착과 즉각적인 추출				
추출시간 (3초 이내의 편차)				
TOTAL (0-7)				

Milk	YES	NO	YES	NO
시작 시 깨끗하고 비워져 있는 피쳐				
스티밍 작업 전 스팀 분출				
스티킹 작업 후 스팀 완드 청결				
스티밍 작업 후 스팀 분출				
피처의 청결/허용가능한 우유 낭비				
TOTAL(0-5)				

Hygiene		
위생(스팀완드의 청결, 피처의 청결, 스팀용 타월 사용)	(0-6pts)x2	
TOTAL(0-12)		

Performance		
전체 작업 공간의 관리 및 시작과 종료시 작업장의 청결성	(0-6pts)	
전체적인 인상(그라인더의 사용, 잘 추출된 에스프레소, 스티밍 기술, 머신의 청결성)	(0-6pts)x4	
TOTAL(0-30)		

Espresso(0-14)	+	Milk(0-10)	+	Hygiene(0-12)	+	Performance(0-30)	=	TOTAL SCORE(0-66)

구와 장비에 대한 이해도 등 전체적인 인상이 어떠했는지 평가한다.

② 비주얼 평가

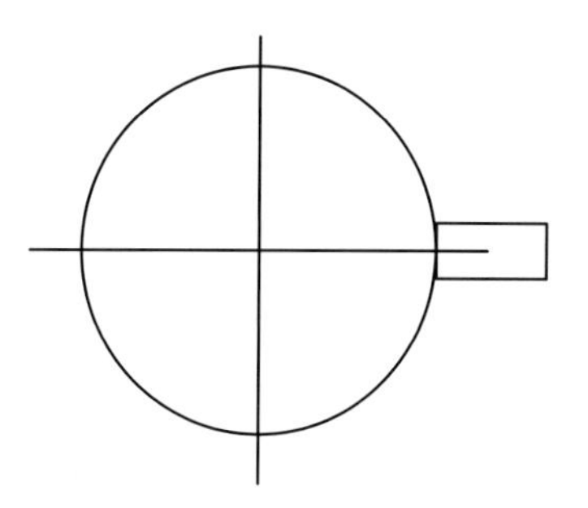

첫 번째로 두 개의 패턴(프리푸어 라떼, 디자이너 라떼)과 제공된 사진이 유사 · 동일한지 평가한다. 의도된 패턴을 복제해 내는 능력을 평가한다고 볼 수 있다. 다음은 크레마의 진한 색상과 우유의 깨끗한 흰색이 선명한 대조가 이루어졌는지를 평가하는 것이다. 의도되지 않게 경계가 흐려진 경우감점이 된다. 세 번째로는 패턴이 컵에 미적으로 잘 위치되어 있는지, 패턴의 크기가 제공 되어진 컵에 적합한지를 평가한다. 네 번째는 패턴의 창의성을 평가하는 것이다. 창의성은 다양한 방법으로 표현될 수 있으며, 최초로 시도되는 예술적 디자인을 선보였을 때 높은 점수를 준다. 기존에 알려진 패턴을 제출했을 때는 낮은 점수를 준다. 다음은 난이도의 완성도를 평가하는 것인데 높은 점수는 어려운 패턴을 성공적으로 완성했을 때만 주어진다. 매우 어려운 패턴을 시도했으나 이를 제공하는 데에 실패했다면 낮은 점수가 주어진다. 거품의 외형적 질감 또한 평가 요소 중 하나이며 육안으로 보이는 큰 거품이 없고, 부드럽고, 윤기가 나며 지속성이 좋은지를 평가한다. 마지막으로 개인적 기호에 근거하여 외관에 대한 총평이 평가된다.

비주얼 평가에서는 시연의 전문성도 평가를 하는데 음료를 만들 때 관객에게 보여주는 방식, 자신감, 감각과 스타일 등이 포함된다. 심사위원과 눈을 맞추며 시연을 하는지, 전문적인 복장은 갖추었는지, 적절한 프리젠테이션(작품설명)이 진행되었는지, 컵에 흘린 자국이 있는지 또한 세부 평가 항목이 된다.

지금까지 KLAC 대회에 관한 세부 평가항목을 이야기했다. 다음 장에는 실제 어떤 흐름으로 대회가 진행되는지 시연 과정을 다룰 것이다. 시연과정을 잘 보고 숙지하고 대회에 대비한다면 좀 더 도움이 될 것이라는 예상에서 준비해 보았다.
규정을 알면 반이상은 준비를 잘 하고 있는 것이다. 규정을 통하여 전략을 잘 짤 수 있으며 대회 주최자가 원하는 포인트를 정확하게 이해할 수 있다.
실제로 대회장에 가서 보면 규정을 잘 숙지하지 못하여 갑작스레 실격을 당하는 사례가 빈번이 발생하게 된다. 심사위원은 오로지 테스트 시트만을 보고 규정에 따라 평가할 뿐이라는 점을 반드시 명심해야 한다.

2017 Korea Latte Art Championship
비주얼 스코어 시트 – 예선전

국 가
선수이름
심사위원

두 개의 패턴과 제공된 사진의 동일성	거품의 외형적 질감	재료간의 선명한 대조	컵 안의 조화, 크기와 위치	패턴의 창의성	난이도에 따른 완성도	외관에 대한 총평	Total
x 2		x 2		x 2	x 2	x 2	
두 컵이 동일함	부드럽고,크림 같음	그림이 살짝 흐릿함	컵 안에서의 대칭	숙달됨	복잡한 디자인	선명도	
오직 한 컵만 동일함	반짝이고, 윤이 남	그림이 확연히 흐릿함	디자인의 위치	사실적 혹은 표현적	쉬운 디자인	패턴이 혼란스러움	
오직 한 컵만 비슷함	버블 없음		올바른 방향의 손잡이	독창성	선명도	선명도가 떨어짐	
잔이 가득 차지 않음	거품이 건조함			놀라움	지저분하고 서두른듯함	선들의 윤곽이 분명함	
	광이 없고 윤이 없음						

Notes/Comments

두 개의 패턴과 제공된 사진의 동일성	거품의 외형적 질감	재료간의 선명한 대조	컵 안의 조화, 크기와 위치	패턴의 창의성	난이도에 따른 완성도	외관에 대한 총평	Total
x 2		x 2		x 2	x 2	x 2	
두 컵이 동일함	부드럽고,크림 같음	그림이 살짝 흐릿함	컵 안에서의 대칭	숙달됨	복잡한 디자인	선명도	
오직 한 컵만 동일함	반짝이고, 윤이 남	그림이 확연히 흐릿함	디자인의 위치	사실적 혹은 표현적	쉬운 디자인	패턴이 혼란스러움	
오직 한 컵만 비슷함	버블 없음		올바른 방향의 손잡이	독창성	선명도	선명도가 떨어짐	
잔이 가득 차지 않음	거품이 건조함			놀라움	지저분하고 서두른듯함	선들의 윤곽이 분명함	
	광이 없고 윤이 없음						

Notes/Comments

시연의 전문성 (접대능력, 자신감, 시연동작)
x 4
눈 맞춤
전문적인 복장
설명
퀄리티 있는 이미지
컵에 흘린 자국

Free Pour Latte	+	Designer Latte	+	Performance	=	TOTAL SCORE
(0-72 pts)		(0-72 pts)		(0-24 pts)		(0-168 pts)

Chapter 02
대회 시연과정

제한 시간 10분/ 동일한 프리푸어 패턴 2잔, 동일한 디자인 패턴 2잔(총 4잔)을 시연한다.
준 비 물 1L 스팀피쳐 2개, 600mL 스팀피쳐 2개, 에칭펜, 색소

1 시작 사인과 함께 본인이 준비한 프리젠테이션을 진행한다.

2 프리젠테이션이 끝나면 준비한 피쳐에 우유를 따르고 에스프레소 추출 준비를 한다.

3 린넨으로 포터필터 바스켓 내부의 물기와 묻어있는 커피가루를 깨끗이 닦는다.

4 그라인더를 작동하여 포터필터 바스켓에 분쇄한 원두를 담는다.

5 바스켓에 담은 원두를 고르게 분포시켜 평평하게 만든다(이 과정을 레벨링이라 한다).

6 포터필터 바스켓 주변에 남은 원두를 깨끗하게 털어낸다.

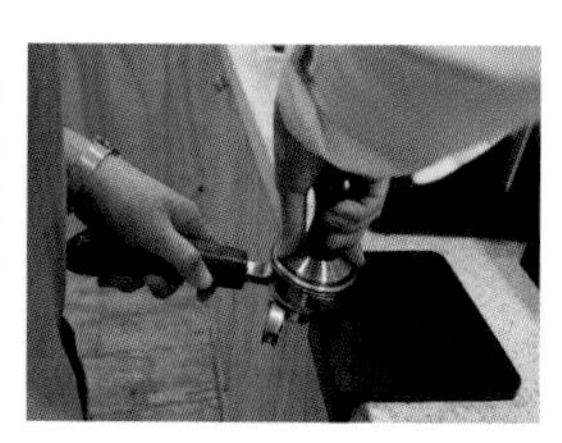

7 바스켓 내부에 담긴 원두가 수평이 되도록 탬핑을 한다.

8 포터필터 결속 전 추출버튼을 눌러 열수를 2~3초간 흘린다.

9 드립트레이에 남아있는 물기를 닦는다.

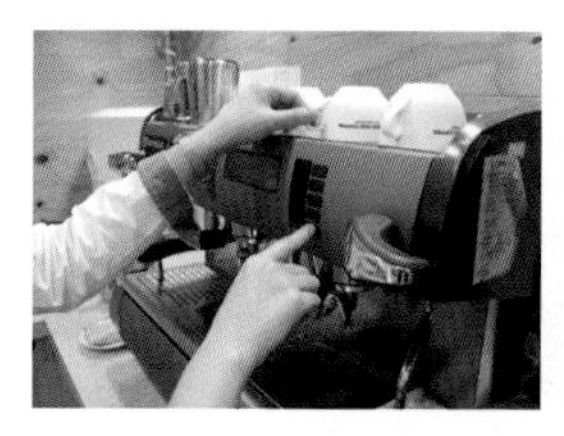
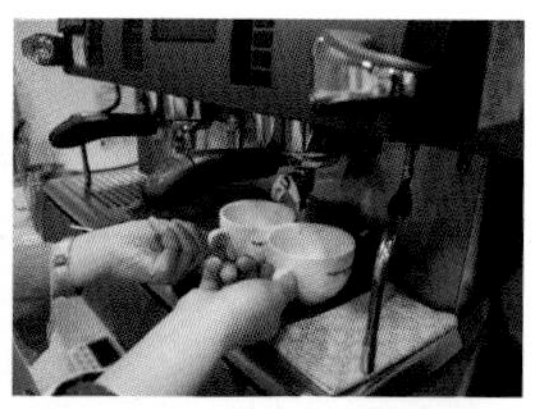

10 추출 버튼을 누르고 사용할 잔을 워머에서 내려 에스프레소를 받는다.

11 에스프레소가 추출되는 동안 그라인더 주변을 브러시로 청소해준다.

12 우유를 스티밍 하기 전에 스팀노즐 잡고 스팀레버를 열어주어 노즐에 안에 맺혀있는 물과 증기를 분사해준다.

13 적절한 공기주입을 통해 거품을 생성한 후 우유와 거품을 혼합하여 부드러운 벨벳 밀크를 만든다.

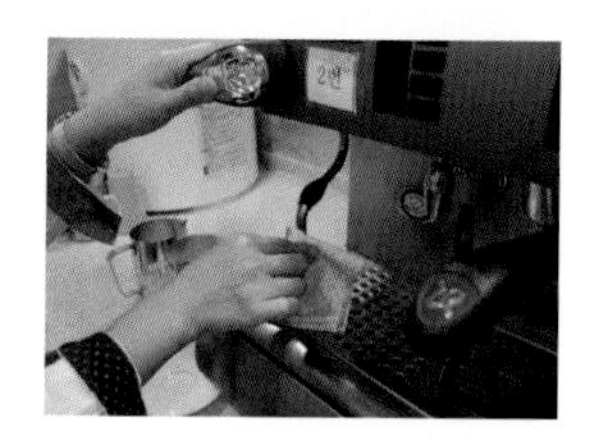

14 스티밍이 완료되면 스팀 노즐을 깨끗이 닦은 후 다시 한 번 스팀레버를 열어 남아있는 우유와 증기를 분사해준다.

15 스티밍한 우유를 워머에 올려둔 피쳐에 분배하여 한잔 분량을 나눠 담는다.

16 분배한 우유를 사용하여 디자인한 프리푸어 패턴 라떼를 만들어준다.

17 한 잔을 완성한 후 남아있는 우유를 사용한 피쳐에 부어주고 같은 프리푸어 패턴 라떼를 한잔 더 만든다.

18 두 잔의 라떼를 완성한 후 피쳐를 정리하고 작업대를 닦는다.

19 다음 디자인 패턴 라떼를 만들기 위해 에스프레소를 추출하고 우유 스티밍을 한다(3~15번까지의 과정이 동일하게 반복된다).

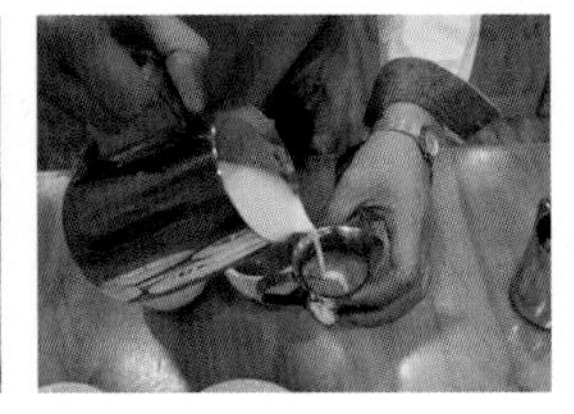

20 준비해놓은 색소에 우유를 미리 부어 놓는다(색소는 사용하지 않아도 무방하다).

21 준비한 디자인 패턴 라떼 두 잔을 만든다.

22 미리 부어준 우유와 색소를 잘 섞어준 뒤 정한 위치에 떨어뜨린다.

23 에칭펜을 사용하여 디자인 패턴 라떼를 마무리한다.

24 사용한 피쳐와 기물(에칭펜, 색소)을 정리하고 작업대를 닦는다.

25 시작할 때와 동일하게 손을 들어 종료한다는 사인을 보낸다.

올 오브 더 라떼아트
ALL OF THE LATTE ART

발 행 일 2025년 1월 5일 개정2판 1쇄 인쇄
2025년 1월 15일 개정2판 1쇄 발행

저 자 한준섭 · 전유정 공저

발 행 처 

발 행 인 李尙原

신고번호 제 300-2007-143호

주 소 서울시 종로구 율곡로13길 21

공 급 처 (02) 765-4787, 1566-5937

전 화 (02) 745-0311~3

팩 스 (02) 743-2688, 02) 741-3231

홈페이지 www.crownbook.co.kr

I S B N 978-89-406-4890-2 / 13590

특별판매정가 18,000원

이 도서의 문의를 편집부(02-6430-7012)로 연락주시면
친절하게 응답해 드립니다.